FORSCHUNGSBERICHTE
DES WIRTSCHAFTS- UND VERKEHRSMINISTERIUMS
NORDRHEIN-WESTFALEN

Herausgegeben von Staatssekretär Prof. Dr. h. c. Dr. E. h. Leo Brandt

Nr. 428

Dr.-Ing. Johann Endres

Messerschmitt GmbH. Rheinland

Untersuchungen der Beschleunigungsverhältnisse eines Zweitakt-Hochleistungs-Dieseltriebwerks mit achsparallelen Zylindern und gegenläufigen Kolben

Als Manuskript gedruckt

SPRINGER FACHMEDIEN WIESBADEN GMBH

ISBN 978-3-663-03814-6 ISBN 978-3-663-05003-2 (eBook)
DOI 10.1007/978-3-663-05003-2

G l i e d e r u n g

I. Aufgabenstellung

Der vorliegende Forschungsbericht ist die Fortsetzung zum Forschungsbericht Nr. 427 und befaßt sich mit der Ermittlung der räumlichen Beschleunigungsverhältnisse des Taumelscheibengetriebes. Hauptaufgabe ist die Ermittlung der Beschleunigungen der Taumelscheibenpunkte B, C und P. Der Bericht baut sich auf dem Forschungsbericht Nr. 427 auf, dessen Ergebnisse zum Verständnis der vorliegenden Untersuchungen notwendig sind, da die Beschleunigung als zweiter Differenzialquotient der Weg-Zeitfunktion sich aus der Geschwindigkeit als erstem Differentialquotienten ableitet.

Die Untersuchungen werden wie in Forschungsbericht Nr. 427 nach einem graphischen Verfahren durchgeführt.

II. Zusammenstellung der Formelzeichen

$\alpha\ [---^\circ]$	Kurbelwinkel = Drehwinkel der Kurbel, gibt die Kurbelstellung und damit die Getriebestellung an.
$\delta\ [---^\circ]$	Schrägstellwinkel = Winkel zwischen der Normalen oder Schrägzapfen N und der Wellenlängsachse M M_1.
$\omega\ \left[\frac{1}{sec}\right]$	Winkelgeschwindigkeit
$n\ [U/min]$	Drehzahl der Welle M M_1 (Motorwelle)
$V_A = \lvert v_A \rvert\ [m/s]$	Geschwindigkeitsbetrag des Kurbelendpunktes A
$V_B = \lvert v_B \rvert\ [m/s]$	Geschwindigkeitsbetrag des Systempunktes B (Anlenkpunkt auf der Taumelscheibe)
$V_C = \lvert v_C \rvert\ [m/s]$	Geschwindigkeitsbetrag des Systempunktes C (Anlenkpunkt auf der Taumelscheibe)
$V_x = V_p = \lvert v_P \rvert\ [m/s]$	Geschwindigkeitsbetrag des Systempunktes P=X (Anlenkpunkt auf der Taumelscheibe)
$V_{BumA} = \lvert v_{BumA} \rvert\ [m/s]$	Geschwindigkeit des Punktes B um den Punkt A (Relativgeschwindigkeit)
$\lvert \mathfrak{w} \rvert = W\ \left[\frac{1}{s}\right]$	Drehvektor (Betrag)

A	Endpunkt der Kurbel O_2 A (Getriebeglied 1, wo die Bewegung mit der Winkelgeschwindigkeit ω = const. eingeleitet gedacht werden kann)
B, C, P = X	Systempunkte = Anlenkpunkte auf der Taumelscheibe
S	Taumelscheibe
N	Normale = Schrägzapfen
M M_1	Motorwelle
g_A, g_B, g_C, g_P = g_X	Spurpunkte = Durchstoßpunkte in der Grundrißebene, abgebildet in der Abbildungsebene ‖ der Grundrißebene
e_A, e_ω, e	Antipole
$\frac{c}{k}$	Abbildungskonstante des Abbildungskreises
	Abbildungskreis
X Y Z	räumliches Koordinatensystem (Hauptachsen)
X-Y Ebene	Aufrißebene..."
Y-Z Ebene	Grundrißebene..!und parallel dazu Abbildungsebene
---*	Bild des Vektors in der Abbildungsebene (Wirkrichtung)
$\mathfrak{p}$	Raumvektor allgemein
H	Hemmgelenk zur Aufnahme des Drehmomentes (verhindert das Drehen der Taumelscheibe, denn es soll sich die Welle MM_1 drehen)
$b_A = \left\| \mathfrak{b}_A \right\|$ $[m/s^2]$	Beschleunigung des Punktes A (Endpunkt der Kurbel O_2A, die sich mit $\left\| \mathfrak{v}_A \right\|$ um M M_1 dreht, da $\mathfrak{b}_A = \mathfrak{n}_A$ eine reine Normalbeschleunigung ist für ω = const.
$b_{BumA} = \left\| \mathfrak{b}_{BumA} \right\|$ $\left[\frac{m}{s^2}\right]$	Beschleunigung der relativen Bewegung des Punktes B um den Punkt A.

$\lvert b_{BumA,1} \rvert$ $\left[\frac{m}{s^2}\right]$	Normalbeschleunigung = erster Anteil der Beschleunigung b_{BumA} = relative Beschleunigung des Punktes B um den fest gedachten Punkt A, d.h. eine durch A gelegte Drehachse, die der momentanen Drehachse parallel ist. Der Punkt B dreht um diese gedachte Drehachse mit der Geschwindigkeit V_{BumA}
$\lvert b_{BumA,2} \rvert$ $\left[\frac{m}{s^2}\right]$	Tangentialbeschleunigung = zweiter Anteil der Beschleunigung b_{BumA} herrührend von der im Punkt A angesetzten Winkelbeschleunigung ε. Sie steht senkrecht zu AB.
$\lvert b_B \rvert$ $\left[\frac{m}{s^2}\right]$	Absolutbeschleunigung des Punktes B bei Drehung des Punktes B in einer Kreisbahn mit der Geschwindigkeit V_B
$\lvert b_{B,1} \rvert$ $\left[\frac{m}{s^2}\right]$	Normalbeschleunigung des Punktes B = $V_B^2/$ B'O (zum Drehpol gerichtet)
$\lvert b_{B,2} \rvert$ $\left[\frac{m}{s^2}\right]$	Tangentialbeschleunigung des Punktes B ‖ Bild V_B* da ⊥ BO
v	Hilfsvektor = Resultierender Vektor aus $b_A \mp$ Normalbeschleunigung $b_{BumA,1}$ minus Normalbeschleunigung $b_{B,1}$
S	Schnittpunkt der Bilder v* (v* geht durch S_s' u ‖ v) und $b^*_{BumA,2}$ ($b^*_{BumA,2}$ geht durch Antipol e_{AB})
S_s'	Schnittpunkt der äußersten Seileckseiten, durch diesen ist v* zu legen ‖ Vektor v aus Krafteck.
P	Pol im Beschleunigungsplan b) (Krafteck)
1, 2, 3, 4	Polstrahlen im Krafteck
1' 2' 3' 4'	Seileckseiten im Seileck

III. Das Doppel-Taumelscheibengetriebe

1) Allgemeine Grundlagen des Getriebes (siehe FB Nr. 427, Seite 7)

2) Konstruktiver Aufbau des Getriebes (siehe FB Nr. 427, Seite 7)

3) Untersuchungsmethode (Grundlagen) (siehe FB Nr. 427, Seite 10)

Es werden im Forschungsbericht Nr. 428 Erläuterungen zur Untersuchungsmethode gegeben und an hand der sechs gültigen Abbildungssätze die Richtigkeit der Anwendung nachgewiesen.

Es gelten für das MAYOR- MIESEsche Abbildungsverfahren folgende Sätze:

1) Der Summe von Raumvektoren entspricht die Summe ihrer Bilder bzw. Bildstäbe = Bildgrößen.

2) Den Vektoren, die einer Geraden parallel sind (Linienparallele, die gleich- oder entgegengesetzt gerichtet sind), entsprechen Bildstäbe mit gleichem Träger, d.h. mit gleicher Wirkrichtung*, d.h. die Bilder decken sich (denn im Abbildungskreis geht die Aufrißrichtung stets durch f und bildet nur einen Schnittpunkt mit der y-Achse, der ein Punkt der sich deckenden Bilder ist).

3) Den Vektoren, die einer Ebene parallel sind, (also nicht deckende parallele Vektoren), die parallele Wirkungslinien aber nicht parallele Richtungen haben, entsprechen Bilder*, deren Träger (=Wirkrichtungen) alle durch einen gemeinsamen Punkt in der Abbildungsebene gehen, und dieser gemeinsame Schnittpunkt aller Bilder ist der charakteristische Bildpunkt dieser Ebene (die parallel zu den Raumvektoren ist).

4) Stehen zwei Vektoren zueinander senkrecht $\mathcal{P}_1 \perp \mathcal{P}_2$, so geht das Bild des ersten Vektors $\mathcal{P}_1{}^*$ durch den Antipol e_p des Bildes des zweiten Vektors $\mathcal{P}_2{}^*$. Mit anderen Worten, der Antipol des Vektorbildes $\mathcal{P}^*$ liegt auf P_2^* und der Antipol des Vektorbildes P_2^* liegt auf dem Vektorbild P_1^* (Unter dem Antipol ist die Spiegelung eines Vektorbildes* zu verstehen)

Aus den Sätzen 3) und 4) folgen durch dualen Zusammenhang die Sätze 5) und 6)

5) Der für die Abbildung einer Ebene charakteristische Bildpunkt ist ferner der Antipol desjenigen Bildes, dessen Vektor eine Normale zu der Ebene ist.(Nach 3 der gemeinsame Schnittpunkt aller Bilder, deren Vektoren parallel zu der Ebene sind, die durch den charakteristischen Bildpunkt in der Abbildungsebene symbolisiert wird).

6) Das Bild* der Normalen einer Ebene (also das Bild eines Vektors der $\perp$ einer Ebene steht, ist die Antipolare des Bildpunktes der Ebene, der ein Antipol ist.

Die Antipolare ist gewissermaßen die Spiegelung des Antipols in der Abbildungsebene, wobei der Antipol hier der Bildpunkt der Ebene sei, also die Abbildung = Bild* dieser Ebene, so daß also nach 4) das was der Antipol darstellt, nämlich eine Ebene, senkrecht stehen muß zu dem, was die Antipolare darstellt, nämlich das Bild einer Normalen dieser Ebene. Da die Antipolare ein Bild* in der Abbildungsebene ist und zwar in Gestalt einer Geraden, so kann es nur wieder eine Raumgerade sein und zwar eine Normale, d.h. eine Senkrechte zur Ebene nach Satz 5) und Satz 3) sagt dual hierzu aus, daß eine Ebene durch einen Bildpunkt abgebildet werden kann, denn dieser Abbildungspunkt = Bildpunkt der Ebene ist nach 3) der gemeinsame Schnittpunkt aller Bilder*, deren Vektoren einer Ebene parallel sind, und wenn nun die parallelen Vektoren nicht nur $\parallel$ untereinander sind, sondern noch alle in einer gemeinsamen Ebene liegen wie sich schneidende parallele Geraden, so gehen die Bilder dieser sich kreuzenden Geraden (Vektoren) in der Abbildung alle durch einen gemeinsamen Schnittpunkt der Ebene. (Die Ebene ist bei der Abbildung somit zu einem Punkt zusammengeschrumpft und stellt somit einen speziellen oder charakteristischen Bildpunkt der Ebene dar.)

Wenn dieser charakteristische Bildpunkt der Ebene als Antipol angesprochen wird, dann hat er auch eine Antipolare, und die Antipolare wäre somit wiederum das Bild einer Normalen dieser Ebene, die als Antipol in der Abbildung erscheint.

Wir sehen also, daß die Sätze 3 und 4 die Sätze 5 und 6 aus dualen Zusammenhängen liefern.

IV. Die Ermittlung der räumlichen Beschleunigungen der Kupplungspunkte B C und P an der Taumelscheibe (Anlenkpunkte)

1.a) Geschwindigkeitszustand (siehe FB Nr. 427, Seite 13 und Geschwindigkeitspläne I und II).

b) Beschleunigungszustand

Der Beschleunigungszustand ist durch den Drehvektor $\mathfrak{w}$ ($\mathfrak{w}'\mathfrak{w}''$) und den Winkelbeschleunigungsvektor $\mathfrak{e}$ festgelegt. Der Drehvektor $\mathfrak{w}$ wurde bereits in Forschungsbericht Nr. 427 Seite 28 erklärt und in dem Geschwindigkeitsplan Zeichnung I für Kurbelstellung $\alpha = 60^{\circ}$ der Größe und Richtung nach als Bildstab oder Bildgröße konstruiert $O'W' = c \cdot \omega'$. Der Drehvektor $\mathfrak{w}$ liegt in der momentanen Drehachse und greift in O (O'O'')an, seine Bildgröße O'W' liegt somit in der Grundriß- bzw. Abbildungsebene auf ω' angreifend in O'.

Die Bildgröße des Drehvektors $\mathfrak{w}$ = OW ergibt sich aus der bekannten Geschwindigkeit $\mathfrak{v}_A$(Endpunkt der Kurbel)

Es war $\mathfrak{v}_A = \mathfrak{w} \times \mathfrak{r}_A$ (Vektorprodukt)
$\mathfrak{r}_A$ = Ortsvektor von A, bzw. von $O \equiv g_w$
g_w = Spurpunkt in der Abbildungsebene
Das Bild von ω * ist bereits bekannt.
Die Bildlänge bzw. Bildstab oder Bildgröße wird durch Umkehrung der in Abbildung 4 FB Nr. 427 gezeigten Konstruktion eines Momentvektors gewonnen.

Nachfolgend der Konstruktionsgang für Kurbelstellung $\alpha = 60^{\circ}$.

1) Trage $-\mathfrak{v}_A'$ in O' an = O' (a) (Abb. 5 FB 427)

2) Errichte die Normale zur Spur $e_{\omega}\, g_A$ durch den Endpunkt (a) von Vektor $-\mathfrak{v}_A'$ = O' (a)

3) Wo diese Normale (2) die momentane Drehachse ω' in der Abbildungsebene schneidet, ist der gesuchte Schnittpunkt W', so daß $O'W' = C \cdot \omega'$ die Bildgröße des gesuchten Drehvektors $\mathfrak{w}(\mathfrak{w}'\mathfrak{w}'')$ist. Die wahre Größe des Drehvektors $\mathfrak{w}$ erhält man aus der Bildgröße unter Berücksichtigung der Maßstäbe. Da wir in der zeichnerischen Darstellung mit reinen Strekken operieren, so sind die Geschwindigkeiten als Strecken darzustellen, d.h. als reduzierte Geschwindigkeiten.

Geschwindigkeit v [m/sec] hat die Dimension m/sec in Wirklichkeit.

$$v\left[\frac{m}{s}\right] : \omega \left[\frac{1}{sec}\right] = \frac{V}{\omega}\left[\frac{m}{sec} \cdot \frac{sec}{1}\right]$$

= Dimension einer Strecke der reduzierten Geschwindigkeit u = Vekter.

Es ist also nur erforderlich, die Geschwindigkeiten m/sec durch den Absolutbetrag der Winkelgeschwindigkeit ω von Drehvektor $\mathfrak{w}$ zu dividieren, um auf die reduzierten Geschwindigkeiten zu kommen, mit denen wir in

Form von Vektoren (gerichtete Strecken [m]) arbeiten. Die wirklichen Geschwindigkeiten werden dann nach erfolgter Vektorkonstruktion wieder mit ω multipliziert, um die wirklichen Geschwindigkeiten mit der Dimension m/sec zu erhalten. Die Vektorgleichung $\mathfrak{v}_A = \mathfrak{w} \times \mathfrak{r}_A$ [m/sec] würde als reduzierte Geschwindigkeit lauten:

$$\mathfrak{f}_A = \breve{\mathfrak{u}} \times \mathfrak{r}_A \quad [m]$$

wobei $\breve{\mathfrak{u}}$ den Einheitsvektor in der Richtung des Drehvektors $\mathfrak{w}$ bedeutet.

Der Absolutbetrag des statischen Momentes $\breve{\mathfrak{u}} \times \mathfrak{r}_A$ = der Länge des Lotes von Punkt A auf die Drehachse (nicht zu verwechseln mit der Wellendrehachse MM_1 = Motorwelle).

Dieses Lot erhält man als statisches Moment, wenn man die im Längenmaßstab der Zeichnung entnommenen Komponenten des Momentenbildes mit der Abbildungskonstanten c multipliziert, wie es das MAYOR- von MIESE-sche Abbildungsverfahren verlangt (siehe FB Nr. 427 Seite 12).

Es ergibt sich eine Vereinfachung, wenn man als Einheit des Vektors $\breve{\mathfrak{u}}$ das Maß c (Abbildungskonstante) wählt. Die mit dieser Annahme konstruierte Bildlänge von $\breve{\mathfrak{u}} \times \mathfrak{r}_A$, wobei $\mathfrak{r}_A$ der von g_ω, dem in der Abbildungsebene liegenden Spurpunkt der Drehachse ω ($\omega'\omega''$)—, aus gemessene Ortsvektor zu dem untersuchten Punkt A des Systems darstellt, ist wieder eine reduzierte Geschwindigkeit, die aber ohne Umrechnung mit ω erhalten wird.

Der Einheitsvektor $\breve{\mathfrak{u}}$ liegt in Richtung des Drehvektors $\mathfrak{w}$ also irgendwie im Raume je nach Kurbelstellung. Seine wahre Größe ist gleich c, da $\breve{\mathfrak{u}}$ = c gewählt wurde. Die Lage seines Endpunktes ist nun zu klären.

Der richtige Endpunkt u des Einheitsvektors $\breve{\mathfrak{u}}$ = c ergibt sich, wenn man (s. Abb. 1) den auf Seite 12 konstruierten Vektor $\mathfrak{w}$ ($\mathfrak{w}'\mathfrak{w}''$) (wobei man von $\mathfrak{w}'$ = O'W' von der Bildgröße ausgeht, bzw. von dem momentanen Drehachsenbild ω') in die Bildebene umlegt nach $[\omega]$. Der Schnitt von $[\omega]$ mit dem Abbildungskreis liefert die Umlegung $[\breve{\mathfrak{u}}]$ = wahre Größe des gesuchten Punktes u, sein Grundriß $\breve{\mathfrak{u}}'$ ist der Fußpunkt des Lotes von $[\breve{\mathfrak{u}}]$ auf O'ω' (vergl.Abb. 1).

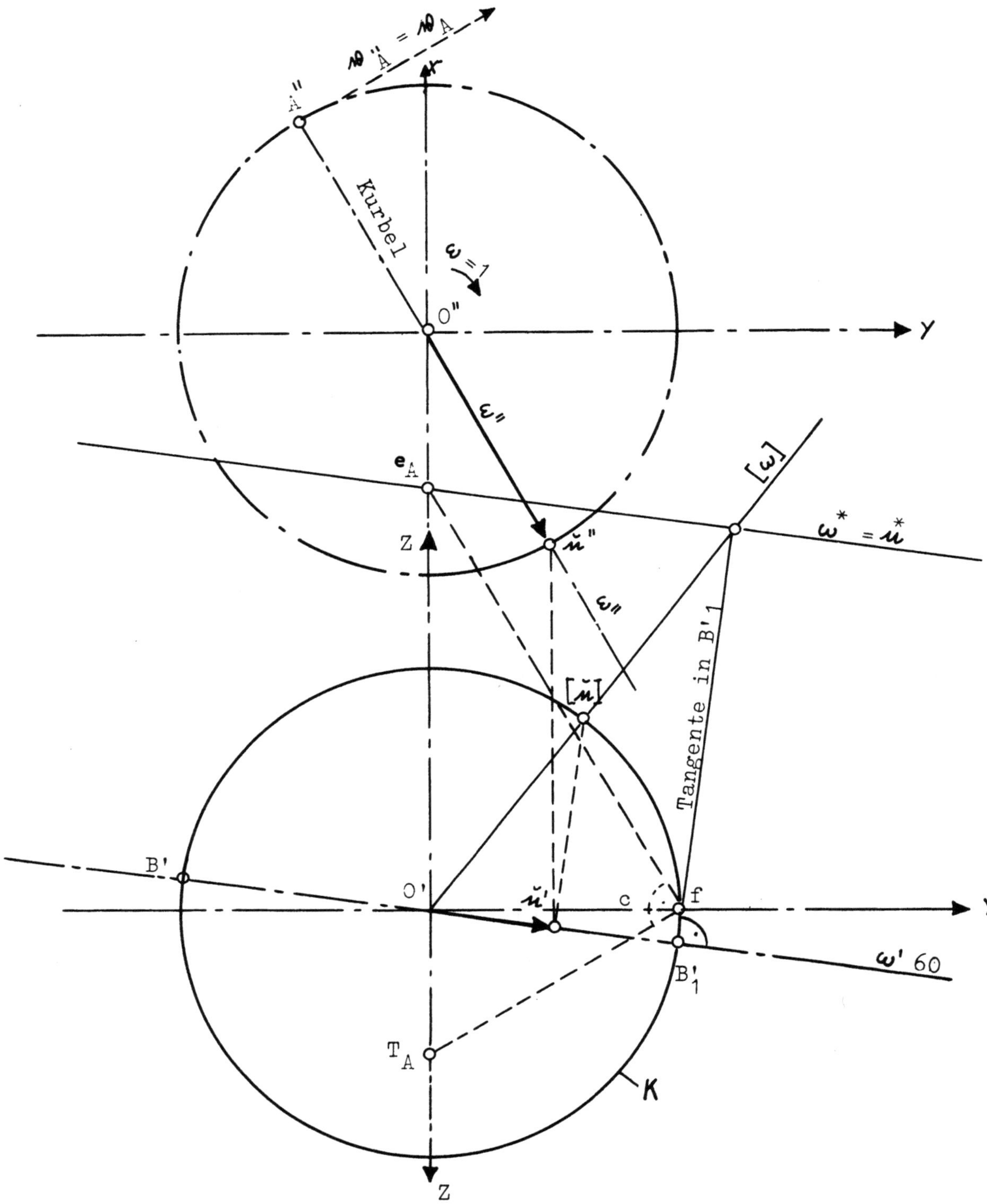

A b b i l d u n g 1
Konstruktion des Einheitsvektors u

2. Maßstäbe (vergl. auch FB Nr. 427 Seite 15)

Im Forschungsbericht Nr. 427 wurden die Maßstäbe bereits festgelegt. Mit $\omega = 1$ wurde $\mathfrak{v}_A$ gleich der Kurbellänge. Hierin liegt bereits die Reduktion der Geschwindigkeit V_A [m/sec.] auf die reduzierte Geschwindigkeit, dargestellt durch einen Vektor, der die Dimension einer Strecke hat, dem aber ein Geschwindigkeitsmaßstab zugeordnet ist.

$$\mathfrak{v}_A = \overline{OA} \cdot \omega \quad \text{für ein ebenes System}$$

Für $\omega_1 = 1$ wird:

$$\mathfrak{v}_A = \overline{OA} \cdot 1 = OA = \text{Kurbellänge.}$$

Dies stimmt mit dem vorstehenden überein, denn $\mathfrak{v}_A = OA \cdot \omega_1/\omega = OA$ = Kurbellänge = reduzierte Geschwindigkeit $\omega' \cdot c$ = Bildgröße des Drehvektors abgebildet in der Abbildungsebene.

Man müßte also für jede Kurbelstellung die Bildgröße $O'W' = \omega' \cdot c$ erst ermitteln entsprechend dem Konstruktionsgang auf Seite 10/11. Zur Vereinfachung arbeitet man vorteilhaft mit dem Einheitsvektor $\breve{\mathfrak{u}}$ und macht ihn gleich c, d.h. gleich dem Radius des Abbildungskreises und konstruiert die Bildgröße $u \times w$ oder $u \times p$ und wertet die Komponenten des Momenten-Vektorbildes anschließend aus (Geschwindigkeitsplan Zeichnung I. Tabelle).

3. Festlegung der Grund- Aufriß- und Abbildungsebenen im räumlichen Koordinatensystem XYZ (siehe FB Nr. 427)

4. Bahnen der Systempunkte auf der Taumelscheibe (FB Nr. 427)

5. Beschleunigungen der Systempunkte (s. Beschl.Plan I und II)

Der Beschleunigungszustand ist nun eindeutig festgelegt durch den Drehvektor $\mathfrak{w}$ und durch den Vektor $\mathfrak{e}$ der Winkelbeschleunigung.

Über den Drehvektor $\mathfrak{w}$ wurde erschöpfend berichtet. Um den Vektor der Winkelbeschleunigung $\mathfrak{e}$ zu bestimmen, muß zunächst die Beschleunigung des Punktes A ermittelt werden. Die Konstruktion bzw. das graphische Verfahren beruht auf dem Zusammenhang zwischen den Beschleunigungen zweier Punkte, die sich auf bekannten Bahnen bewegen.

Es gilt die Vektorgleichung:

Absolutbeschleunigung des Punktes B, (s. Beschl. Plan I)

$\mathfrak{b}_B = \mathfrak{b}_A + \mathfrak{b}_{BumA}$ = (Normalbeschleunigung des Punktes A, da ω = const. + Relativbeschleunigung)

darin bedeuten:

$\mathfrak{b}_B$ = Absolutbeschleunigung des Punktes B

$\mathfrak{b}_A = \mathfrak{n}_A$ = Normalbeschleunigung des Punktes A (ω = const)

$\mathfrak{b}_{BumA}$ = Beschleunigung der relativen Bewegung des Punktes B gegenüber dem fest gedachten Punkt A.

Dieser Vektor $\mathfrak{b}_{BumA}$ kann nun in zwei Komponenten zerlegt werden;

a) in $\mathfrak{b}_{BumA,1} = \dfrac{\mathfrak{w}_{B\ um\ A}^2}{\mathfrak{u}_{B\ um\ A}}$

Dies ist die reine Normalbeschleunigung der relativen Drehung von B um die durch A gelegte Drehachse $\mathfrak{w}$, die mit der Geschwindigkeit $\mathfrak{w}_{B\ um\ A}$ erfolgt. Die Bildlänge $v_{B\ um\ A} = v'_{B\ um\ A}$ ist bereits aus FB Nr. 427 Geschwindigkeitsplan I bekann. $\mathfrak{w}_{B\ um\ A} = \overline{ab}$

$\mathfrak{u}_{B\ um\ A}$ ist konstruierbar und bedeutet den senkrechten Abstand des Punktes B von der durch A gelegten Drehachse. (Lot BD) Fußpunkt des Lotes ist D.

b) in $b_{B\ um\ A,2} = \mathfrak{e} \times (\mathfrak{v}_B - \mathfrak{v}_A)$ Vektorprodukt!

Dieser zweite Teil rührt von der im Punkt A angesetzten Winkelbeschleunigung $\mathfrak{e}$ her (Tangentialbeschleunigung) und steht senkrecht auf AB.

Wenn aber zwei Vektoren senkrecht zueinander stehen, so muß das Bild $\mathfrak{b}^*_{B\ um\ A,2}$ den Antipol $\mathfrak{e}_{AB}$ des Bildes AB* enthalten, d.h. :

der Antipol des zweiten Vektors liegt auf dem Bild des ersten Vektors und umgekehrt (entsprechend Satz 4).

Ferner setzt sich die zunächst zu ermittelnde Absolutbeschleunigung des Punktes B = $\mathfrak{b}_B$, der in einer Kreisbahnebene mit der Geschwindigkeit v_B geführt ist, aus einer Normalbeschleunigung und einer Tangentialbeschleunigung zusammen.

1) Normalbeschleunigung des Punktes B:

$$\underset{\boxtimes}{\mathfrak{b}_{B,1}} = \frac{v_B^{*}}{B'D'}$$ diese ist konstruierbar der Größe und Richtung nach ($\boxtimes$)

2) Tangentialbeschleunigung des Punktes B = $\underset{\bullet}{\mathfrak{b}_{B,2}}$ deren Richtung fällt mit dem Bild von v_B^{*} zusammen und ist somit der Richtung nach bekannt. Dies ergibt sich aus Satz 2 (linienparallele Vektoren). v_B ist aus dem Geschwindigkeitsplan Zeichnung I bekannt. Somit gilt:

$$\mathfrak{b}_B = \underset{\boxtimes}{\mathfrak{b}_{B,1}} + \underset{\bullet}{\mathfrak{b}_{B,2}}$$

Es wird also $\mathfrak{b}_B$ in zweifacher Form ausgedrückt:

$$\mathfrak{b}_B = \underset{\boxtimes}{\mathfrak{b}_A} + \mathfrak{b}_{B\ um\ A} = \underset{\boxtimes}{\mathfrak{b}_A} + \underset{\boxtimes}{\mathfrak{b}_{B\ um\ A,1}} + \underset{\bullet}{\mathfrak{b}_{B\ um\ A,2}} = \underset{\boxtimes}{\mathfrak{b}_{B,1}} + \underset{\bullet}{\mathfrak{b}_{B,2}}$$

Die Zerlegung der absoluten Beschleunigung des Punktes B und der relativen Beschleunigung $\mathfrak{b}_{B\ um\ A}$ in den normalen und tangentialen Anteil ermöglicht uns die Bildung eines Hilfsvektors $\mathfrak{u}$, indem die Absolutbeschleunigung $\mathfrak{b}_A$ (reine Normalbeschleunigung $\mathfrak{b}_A = \mathfrak{n}_A$, da ω = const. vorausgesetzt) mit den übrigen Normalbeschleunigungen zu einem Vektor zusammengesetzt wird.

Somit folgt:

$$\mathfrak{b}_A + \mathfrak{b}_{B\ um\ A,1} + \mathfrak{b}_{B\ um\ A,2} = \mathfrak{b}_{B,1} + \mathfrak{b}_{B,2}$$

Zusammengefaßt, bzw. in normale und tangentiale Beschleunigung geordnet:

$$\mathfrak{b}_A + \mathfrak{b}_{B\ um\ A,1} - \mathfrak{b}_{B,1} = \mathfrak{b}_{B,2} - \mathfrak{b}_{B\ um\ A,2} = \mathfrak{u}$$

a) $$\underset{\boxtimes}{\mathfrak{b}_A} + \underset{\boxtimes}{\mathfrak{b}_{B\ um\ A,1}} - \underset{\boxtimes}{\mathfrak{b}_{B,1}} = \mathfrak{u}$$

b) $$\underset{\bullet}{\mathfrak{b}_{B,2}} - \underset{\bullet}{\mathfrak{b}_{B\ um\ A,2}} = \mathfrak{u}$$

Die nach diesen Vektorgleichungen verlangte Zerlegung von $\mathfrak{u}$ ist möglich, da nach Gleichung a) die drei Normalbeschleunigungen konstruierbar sind, und zwar der Größe und Richtung nach. $\boxtimes$

Das somit aus Gleichung a) ermittelte v wird nun nach Gleichung b) in die vorgegebenen Richtungen $b^*_{B,2}$, (-) $b_{B\ um^*\ A,2}$ mit Hilfe eines Kraft- und Seilecks zerlegt, wobei das (-) Zeichen von $b_{B\ um\ A,2}$ zu beachten ist. Der Umfahrungssinn des Vektorpolygons ist entgegengesetzt, da es sich um eine Zerlegung handelt. Das Bild b^*_B ist parallel zu v^*_B (Satz 2 linienparallele Vektoren). Das Bild $b_{B\ um\ A,2}$ muß durch den Antipol e_{AB} gehen, da der Vektor $b_{B\ um\ A,2}$ senkrecht zu AB steht (Satz 4 $P_1 \perp P_2$). Ferner muß $b_{B\ um\ A,2}$ durch den Schnittpunkt S der Bilder v und $b_{B,2}$ gehen.

Das Bild r ist parallel dem Vektor $\vec{v}$ und geht durch den Schnittpunkt S_s der äußersten Seilstrahlen 1 und 4. Somit kann das Bild r parallel zum Vektor $\vec{v}$, der im Nebenbeschleunigungsplan b) der Größe und Richtung nach ermittelt wurde durch S_s gezogen werden. Damit ergibt sich der Schnittpunkt S der Bilder r und $b_{B,2}$, bzw. v_B. Dieser Schnittpunkt S ist zur Ermittlung des Bildes $b_{B\ um\ A,2}$ erforderlich, denn die Angabe des Antipols e_{AB}, durch den das Bild $b_{B\ um\ A,2}$ gehen muß, genügt noch nicht, um die Richtung von $b_{B\ um\ A2}$ festzulegen. Man benötigt noch einen zweiten Punkt, und das ist der Schnittpunkt S, der über r und S_s gewonnen wird. Der Antipol e_ℓ ist noch nicht bekannt, da das Bild ℓ^* unbekannt ist, er kommt also als Ersatz für S nicht infrage.

Da die Bilder r^*, $b_{B,2}$ und $b_{B\ um^*A,2}$ alle einen gemeinsamen Schnittpunkt S haben, so liegen sie in einer gemeinsamen Ebene, und der Vektor $\vec{v}$ steht mit den Vektoren $b_{B,2}$ und $b_{B\ um\ A,2}$ nach den Grundgesetzen der Statik im Gleichgewicht. Im Nebenbeschleunigungsplan wird sodann die Größe von $b_{B\ um\ A,2}$ und $b_{B,2}$ ermittelt.

Nachdem nunmehr der Vektor $b_{B,2}$ ermittelt worden ist, kann anschließend die Absolutbeschleunigung des Punktes B ermittelt werden:

$$b_B = \underset{▨}{b_{B,1}} + \underset{▨}{b_{B,2}}$$

Die notwendigen Konstruktionen des vorstehenden Lösungsganges sind in Abbildung 2 dargestellt und werden wie folgt erläutert:

Die Abbildungskonstante c wurde gleich dem Halbmesser OB des Führungskreises von Punkt B (c = 153).

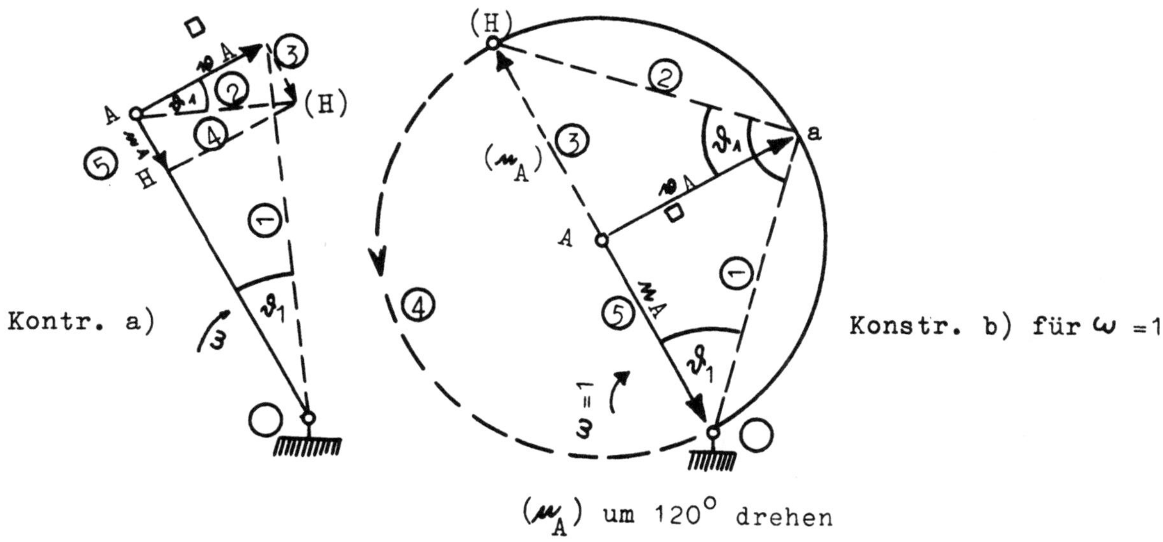

A b b i l d u n g 2

Die Normalbeschleunigung in der Ebene

gegeben: w_A gesucht: n_A

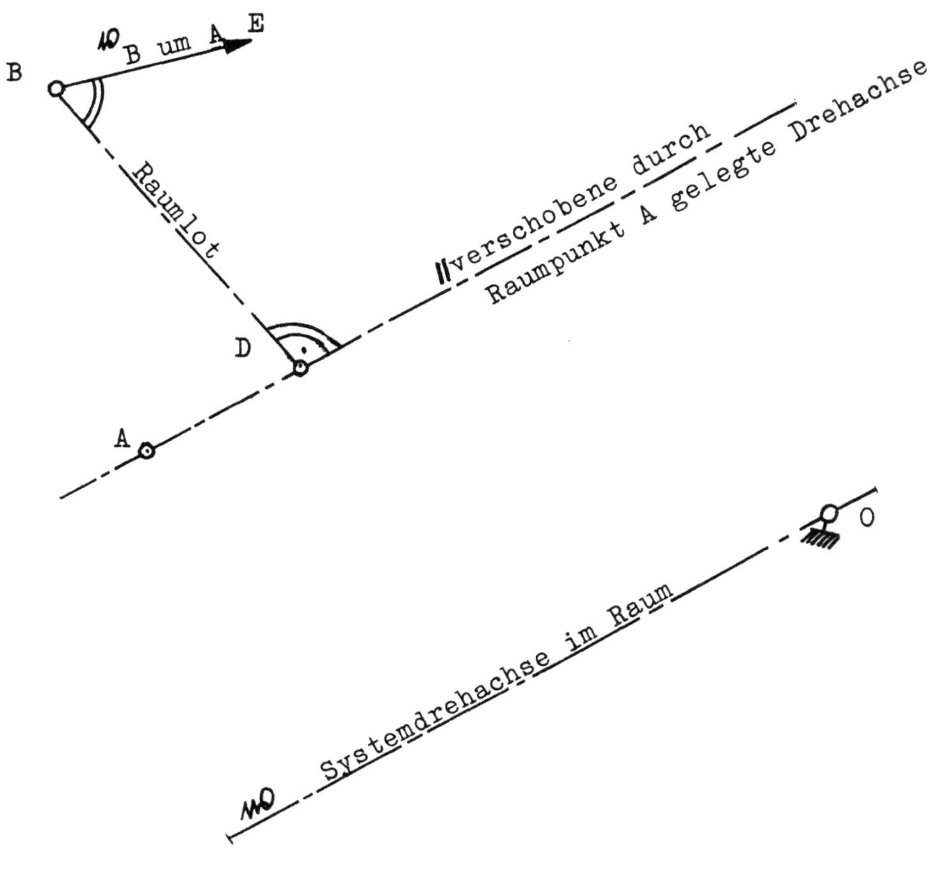

A b b i l d u n g 3

Die Normalbeschleunigung (räumlich)

Die Geschwindigkeit v_A des Punktes A ist konstant (ω =const) und gleich O_2A angenommen (ω = 1), so daß die Absolutbeschleunigung b_A des Punktes A als reine Normalbeschleunigung durch die gerichtete Strecke AO_2 gegeben ist (Tangentielle Beschleunigung = 0, da ω = const.).

Grundriß und Aufriß des Getriebes und die Abbildungsebene sind die gleichen wie im Forschungsbericht Nr. 427.

Die Konstruktion einer Normalbeschleunigung wird wie folgt durchgeführt (vergl. Abb. 2, S. 17).

1) Verbinde Endpunkt E der Geschwindigkeit v_A mit Drehpunkt O_2 (Lot von (a) auf Drehachse). Es entsteht der Winkel ϑ_1

2) Trage den Winkel ϑ_1 in E an (=Lot auf O_2 E in E)

3) Der freie Schenkel des in E angetragenen Winkels ϑ_1 trifft die Verlängerung der Kurbel O_2A in F. AF ist bereits die Größe der Normalbeschleunigung $\mathfrak{n}_A$. Da eine Normalbeschleunigung stets zum Drehzentrum (Drehpol) gerichtet ist, muß der Vektor AF um 180° gedreht werden, um die richtige Richtung der Normalbeschleunigung $\mathfrak{n}_A$ zu erhalten.

4) Man drehe AF um 180° und erhält in AO_2 Größe und Richtung der Normalbeschleunigung $\mathfrak{n}_A$ $\mathfrak{b}_A$.

Eine Normalbeschleunigung, die stets zum Drehpol gerichtet ist, ist nach Größe und Richtung bestimmt, wenn die Umfangsgeschwindigkeit des betreffenden Systempunktes um eine Drehachse oder einen Drehpol bekannt ist. (Normalbeschleunigung oder Zentripetalbeschleunigung) $\mathfrak{n}_A \frac{\mathfrak{v}_A^2}{O_2A}$ (Eine Tangentialbeschleunigung ist zunächst nur der Richtung nach bekannt).

Als nächstes ist die Kenntnis der Normalbeschleunigung $\mathfrak{b}_{B\ um\ A,1} = v_{B\ um\ A}^2 / \mathfrak{n}_{B\ um\ A}$ erforderlich, die einen Raumvektor darstellt. $\mathfrak{b}_{B\ um\ A,1}$ ist die Normalbeschleunigung der relativen Drehung von B um eine durch A gelegte Drehachse $\mathfrak{w}$, die der momentanen Drehachse des Systems parallel ist, und mit der Geschwindigkeit $\mathfrak{v}_{B\ um\ A}$ erfolgt, wobei der Punkt A als Festpunkt angenommen wird, da er auf der Drehachse liegt. Da die Normalbeschleunigung stets zum Drehzentrum gerichtet ist, fällt sie in das von B auf die in A angesetzte Drehachse gefällte Lot BD. Der Fußpunkt des von B auf die durch A gelegte Drehachse gefällte Lot ist D (vergl. Abb. 3, S. 17).

Die zu konstruierende Normalbeschleunigung $\mathfrak{b}_{B\ um\ A,1} = v^2_{B\ um\ A}\ \mathfrak{u}_{B\ um\ A}$ steht somit senkrecht auf der Drehachse $\mathfrak{w}$, bzw. senkrecht auf dem Drehvektor $\mathfrak{w}$. Gleichzeitig steht sie aber auch senkrecht auf der Drehgeschwindigkeit $\mathfrak{v}_{B\ um\ A}$ (Lot BD).

Somit muß das Bild der Normalbeschleunigung $\mathfrak{b}_{B\ um\ A,1}$ sowohl durch den Antipol e_ω des Bildes von ω gehen gemäß Satz 4, als auch durch den Antipol $e_{B\ um\ A}$ des Bildes von $v_{B\ um\ A}$ (ebenfalls nach Satz 4).

Das Bild $\mathfrak{b}_{B\ um\ A,1}$ stellt also die Verbindung der beiden Antipole e_ω mit $e_{B\ um\ A}$ dar (Wirkrichtung der Normalbeschleunigung in der Abbildungsebene gemäß Satz 4).

Da ferner der Geschwindigkeitsvektor $\mathfrak{v}_{B\ um\ A}$ senkrecht zum Drehvektor $\mathfrak{w}$ steht, so liegt nach Satz 4 der Antipol $e_{B\ um\ A}$ des Bildes $v_{B\ um\ A}$ auf dem Bild ω. Der Antipol $e_{B\ um\ A}$ der normalerweise aus dem gegebenen Vektor $\mathfrak{v}_{B\ um\ A}$ und dessen konstruierbaren Bild $v_{B\ um\ A}$ ermittelt wird, ergibt sich hier in vereinfachter Weise, da $e_{B\ um\ A}$ auf ω * liegt und zwar nach folgender Konstruktion:

Konstruktion von $e_{B\ um\ A}$:

Man errichtet in O' die Normale zur gegebenen Geschwindigkeit $\mathfrak{v}_{B\ um\ A} = \mathfrak{v}'_{B\ um\ A}$ = Strecke ab aus Geschwindigkeitsplan Zeichnung Nr. I. Wo diese Normale das Bild ω schneidet, liegt der gesuchte Antipol $e_{B\ um}$ des Bildes $v_{B\ um\ A}$, was in diesem besonderen Fall nicht mehr konstruiert werden muß.

Es muß nun der Grundriß des Lotes B'D' ermittelt werden. Es ist BD = $\mathfrak{u}_{B\ um\ A}$ da diese in der gesuchten Normalbeschleunigung $\mathfrak{b}_{B\ um\ A,1} = v^2_{B\ um\ A}/\mathfrak{u}_{B\ um\ A}$ enthalten ist und die Wirkrichtung angibt.

$\mathfrak{u}_{B\ um\ A}$ = BD stellt das im Raum liegende Lot BD dar, wobei der Fußpunkt D ein Schnittpunkt aus der Drehachse $\mathfrak{w}$ und dem Lot BD bzw. $\mathfrak{u}_{B\ um\ A}$ bzw. der Wirkrichtung des Vektors der Normalbeschleunigung $\mathfrak{b}_{B\ um\ A}$ ist.

Also muß eine Parallele zur Grundrißprojektion der Drehachse = ω' durch den Grundrißpunkt A' gelegt werden, ferner eine Parallele zum Bild $\mathfrak{b}_{B\ um\ A,1}$ = Verbindung der beiden Antipole $e_{B\ um\ A}$ und e_ω = Wirkrichtung der Normalbeschleunigung $\mathfrak{b}_{B\ um\ A,1}$ in der Abbildungsebene, durch den Grundrißpunkt B'. Wo diese beiden Parallelen (durch A'$\parallel\omega$) und durch B' $\parallel \mathfrak{b}_{B\ um\ A,1}$) sich schneiden, liegt der Grundrißpunkt D'.

B'D' ist also die Grundrißprojektion des Lotes BD = $\mathfrak{u}_{B\ um\ A}$. D ist der momentane Drehpol für die weitere Betrachtung. D' ist sein Grundrißpunkt.

Trägt man nun räumlich gesehen die Relativ-Geschwindigkeit $v_{B\ um\ A}$ im Punkte B auf, so daß $\overrightarrow{BE}$ gleich $\mathfrak{w}_{B\ um\ A}$ ist, und errichtet man in der Ebene DEB im Punkte E die Normale auf ED, so schneidet diese Normale die Verlängerung der Geraden BD im Punkte F, wobei BF gleich $v^2_{B\ um\ A} / \mathfrak{u}_{B\ um}$ gleich $\mathfrak{b}_{B\ um\ A,1}$ bereits die Größe der Normalbeschleunigung ist, aber noch nicht die Richtung angibt, diese ist um 180° gedreht und zeigt auf den Drehpol gleich Drehzentrum D hin, wie es stets von einer Normalbeschleunigung und deren Richtung verlangt wird.

Es ist nun diese vorgenannte räumliche Aufgabenstellung, in der Abbildungsebene zu definieren, da in dieser Abbildungsebene das räumliche Problem eben behandelt und gelöst werden muß. Es dreht sich mit anderen Worten um die Konstruktion der Bildgröße $\mathfrak{b}_{B\ um\ A,1}$ gleich $\mathfrak{b}^*_{B\ um\ A,1}$ Es handelt sich darum mit Hilfe der zugehörigen Bilder auf die Bildgrößen zu kommen (Bildstäbe).

Im Prinzip handelt es sich um die gleiche Aufgabe wie in Abbildung 2, nur ist der Konstruktionsgang langwieriger, da ein räumliches Problem in der Abbildungsebene zugeordnet, bzw. abgebildet werden muß.

Die Konstruktion der Bildgröße $\mathfrak{b}_{B\ um\ A,1}$ ist nach der Abbildungsmethode folgendermaßen durchzuführen:

Es müssen zunächst die Bilder* bestimmt werden, um bei der Konstruktion der Normalbeschleunigung die entsprechenden räumlichen Richtungen in der Abbildungsebene als brauchbaren Ersatz in der Ebene zu erhalten.

Das Bild DE* erhält man, indem man parallel zum Grundriß D'E' die Parallele durch e_ω zieht. Der Strecke D'E' entspricht in Abbildung 2 beim rein ebenen Problem die Strecke O_2E. Das Bild DE geht durch e_ω = Bildpunkt, denn die Raumgerade DE liegt in der Ebene DBE, d.h. der Vektor DE ist der Ebene DEB parallel, und so muß das Bild DE* durch den Bildpunkt dieser Ebene gehen, und dieser ist e_ω (Die Ebene DEB in der die Umfangsgeschwindigkeit $\mathfrak{w}_{B\ um\ A}$ wirkt, entspricht in Abb.2 O_2EA).

Somit kommt Satz 3 zur Anwendung. Ferner gilt dual der Satz 5, der über den Bildpunkt folgendes aussagt: Der für die Abbildung einer Ebene charakteristische Bildpunkt ist ferner der Antipol desjenigen Bildes, dessen

Vektor eine Normale zu der Ebene ist; und die Normale zu dieser Ebene ist der Drehvektor $\mathfrak{w}$, und sein Bild ist ω *, und der Antipol des Bildes ω * ist e_ω , und da der Drehvektor $\mathfrak{w}$ auch senkrecht zu der Ebene DEB steht, so ist der Bildpunkt eben e_ω dieser Ebene.

Entsprechend der Normalen EF in Abbildung 2 braucht man nunmehr die Normale auf ED in E (räumlich). Wir errichten also in der Ebene DBE im Punkte E die Normale EF auf ED (räumlich gesehen). In der Abbildungsebene sieht der Vorgang folgendermaßen aus:

Man braucht das Bild der Normalen EF^* (Normale EF senkrecht zu ED in Ebene EDB). Dieses Bild der Normalen EF* muß durch den Bildpunkt e_ω gehen, denn e_ω stellt die Ebene DEB dar, in der der Vektor EF liegt (es gilt somit Satz 3). Ferner muß das Bild der Normalen EF^* (nach Abb. 2 mit der Strecke EF—(3) zu vergleichen) durch den Antipol e_{DE} gehen, denn die Raumnormale EF steht senkrecht zur Raumgeraden ED, somit gilt Satz 4. Das Bild ED* liegt bereits fest, also kann dessen Antipol e_{DE} konstruiert werden, indem eine Parallele zum Bild ED durch O' bis zum Schnitt mit dem Abbildungskreis gelegt wird. Diesen Schnittpunkt verbindet man mit dem Fußpunkt der Normalen zu Bild ED* durch O' und errichtet hierauf die Normale im Schnittpunkt mit dem Abbildungskreis.

Diese beiden Normalen schneiden sich im gesuchten Antipol e_{DE}, und es ergibt sich, daß dieser konstruierte Antipol e_{DE} auf dem Bild ω^* liegt. Dieses wiederum entspricht dem Satz 4 ($\mathcal{P}_1 \perp \mathcal{P}_2$) d.h. $\mathfrak{w}$ senkrecht ED somit senkrecht Ebene DBE.

Da nach Satz 4 der gesuchte Antipol e_{DE} auf dem Bilde ω^* liegen muß, so findet man diesen einfach als Schnitt der Normalen zu ED^* durch O' mit dem Bilde ω^* . Es stellt somit die Verbindung der beiden Antipole e_{DE} mit Antipol und Bildpunkt e_ω das gesuchte Bild EF* dar, dessen Raumgebilde die Normale EF auf ED in der Ebene DEB war.

Es ist also $EF^* = \overline{e_{DE}\, e_\omega}$, da EF senkrecht zu ED steht und daher durch e_{DE} geht, da EF in der Ebene DBE liegt, die durch e_ω abgebildet wird, und e_{DE} liegt auf ω *, da EF in der Ebene DEB liegt und diese senkrecht zu $\mathfrak{w}$ ist (Satz 4).

Die Zusammenhänge sind immer durch die Sätze 1 - 6 gegeben, durch die man die Richtigkeit der Konstruktion kontrollieren kann.

Die Konstruktion der Normalbeschleunigung geht folgendermaßen weiter:

Die Parallele zum ermittelten Bild EF* durch E' schneidet die Verlängerung D'B' in F', womit die Größe des Bildes der Normalbeschl $\mathfrak{b}_{B\ \mathrm{um}\ A,1}$, nicht aber die Richtung festliegt. Durch Drehung um 180° erhält man auch die zugehörige Richtung, denn die Normalbeschleunigung muß stets zum Drehzentrum (D) und ihre Bildgröße nach D' gerichtet sein.

Normalbeschleunigung $\mathfrak{b}_{B\ \mathrm{um}\ A,1}$ siehe Abbildung 4 Seite 23
Die Normalbeschleunigung $\mathfrak{b}_{B,1}$ (vergl. Abb. 4) wird in gleicher Weise jedoch einfacher konstruiert (s. Abb. 2), da es sich nicht um ein räumliches Problem handelt, da der Punkt B in einer Kreisebene geführt ist (Führungsebene-Schlittenführung).

Man verbindet den Endpunkt $\mathfrak{b}$ der im Punkte B angesetzten Geschwindigkeit $\mathfrak{w}_B$ (Umfangsgeschwindigkeit mit Drehzentrum O) mit O (also $\mathfrak{w}_B = \mathfrak{w}'_B$ Endpunkt b' mit O' verbinden). Auf O'b' errichtet man in $\mathfrak{b}''$ die Normale bis zum Schnitt G' mit der Verlängerung O'B'. B'G' ist dann die Bildgröße. Durch Drehung um 180° erhält man Größe und Richtung der Bildgröße der Normalbeschleunigung $\mathfrak{b}_{B,1}$.

$$\text{Bildgröße } \mathfrak{b}'_{B,1} = G'B' = v_B^{\,2}/B'O'$$

Das Bild $\mathfrak{b}^{*}_{B,1}$ geht durch O' = Bildpunkt der Abbildungs-Ebene, da diese Normalbeschleunigung in der Bildebene liegt nach Satz 3. Die Abbildungsebene liegt parallel zur Zeichenebene. Ihr Bildpunkt liegt ebenfalls in der Abbildung, und der für die Abbildung einer Ebene charakteristische Bildpunkt ist nach Satz 5 ein Antipol desjenigen Bildes, dessen Vektor eine Normale zu der Ebene ist.

Zur Prüfung der Lage des Bildes $\mathfrak{b}_B$ verfolgt man zweckmäßig dessen Konstruktion:

Die Bildgröße ist gegeben durch G'B', damit auch die Wirkrichtung des Bildes, nicht aber der Punkt, durch den das Bild geht. Wenn der Bildstab (Vektor der Bildgröße) bekannt ist, dann ist auch Grundriß und Aufriß bekannt, denn der Vektor $\mathfrak{b}_{B,1}$ liegt in der Ebene O'B'b', die mit der Abbildungsebene zusammenfällt, also liegt sein Aufriß horizontal in der y-Achse. Die Parallele zum Aufriß $\mathfrak{b}''_{B,1}$ durch Punkt f (Abb.Kreis)

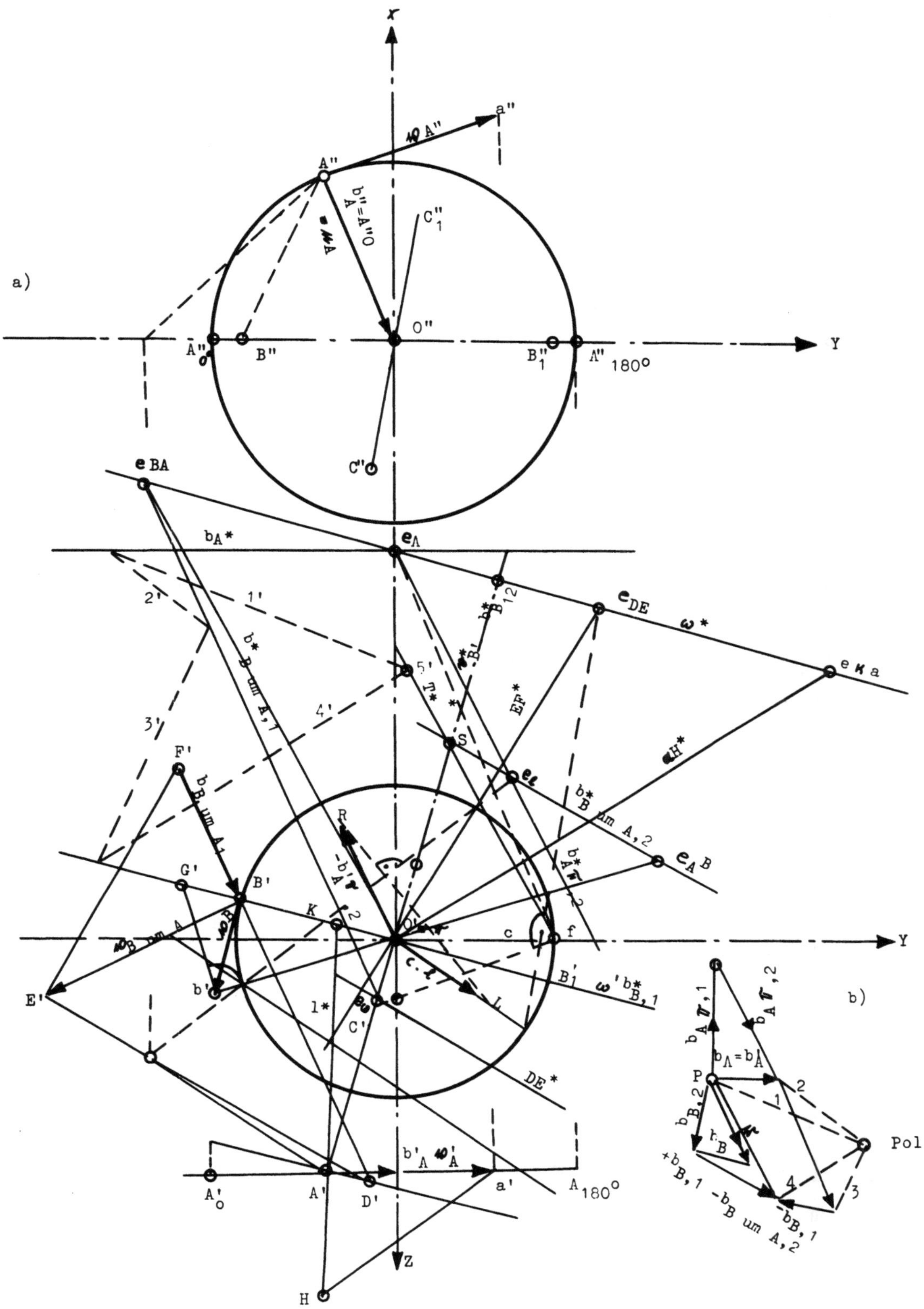

Abbildung 4

a) Grund- und Aufriß des Taumelscheibengetriebes mit Abbildungsmethode der Beschleunigungen

b) Nebenbeschleunigungsplan

schneidet die y-Achse im Punkt O', der ein Punkt des Bildes $\mathfrak{b}^*_{B,1}$ ist. Die Parallele durch diesen Punkt zum Grundriß $\mathfrak{b}_{B,1}$ ergibt das Bild $\mathfrak{b}^*_{B,1}$. Damit ist der vorstehende Ansatz richtig, daß das Bild $\mathfrak{b}^*_{B1}$ durch O' geht, da die Normalbeschleunigung in der Bildebene liegt, wobei O' der Bildpunkt der Ebene ist, in der der Normalbeschleunigungsvektor $\mathfrak{b}_{B,1}$ wirkt.

Nachdem die Normalbeschleunigungen $\mathfrak{b}_A$, $\mathfrak{b}_{B\ \mathrm{um}\ A,1}$ und $\mathfrak{b}_{B,1}$ konstruiert sind, und nach Größe und Richtung bekannt sind, lassen sich diese bzw. ihre Bildgrößen zu einem Hilfsvektor $\mathfrak{r}$ zusammensetzen (Beschleunigungsplan Nr. I).

$$\mathfrak{r} = \mathfrak{b}_A + \mathfrak{b}_{B\ \mathrm{um}\ A,1} - \mathfrak{b}_{B1}$$

Als nächstes wählt man im Krafteck b) einen beliebigen Pol $\mathfrak{P}$ und zieht die Polstrahlen 1-2-3-4. Sodann zeichnet man das entsprechende Seileck, wobei man an einem beliebigen Punkt auf dem Bild $\mathfrak{b}_A{}^*$ mit der Seileckseite 1' 2' parallel dem Polstrahl 1, 2 beginnt, denn Vektor $\mathfrak{b}_A$ liegt zwischen den Polstrahlen 1 und 2 und die Seileckseiten 1' und 2' müssen sich auf dem Bild $\mathfrak{b}_A{}^*$ schneiden. Durch den Schnittpunkt der Seileckseite 2' mit dem Bild $\mathfrak{b}^*_{B\ \mathrm{um}\ A1}$ zieht man die Seileckseite 3' parallel zu 3 usw.

Der Vektor liegt zwischen Polstrahl 1 und 4, also liefert der Schnitt der beiden Seileckseiten 1' 4' den gesuchten Punkt S_s, durch den das Bild $\mathfrak{r}^*$ parallel zum Vektor $\mathfrak{r}$ zu ziehen ist.

Wo das eben festgelegte Bild $\mathfrak{r}^*$ die Bilder v_B^* bzw. $\mathfrak{b}_B{}^*$ schneidet, ist der gesuchte Punkt S, der für die richtige Lage von Bild $\mathfrak{b}^*_{B\ \mathrm{um}\ A,2}$ benötigt wird, denn durch diesen gemeinsamen Schnittpunkt S der Bilder $\mathfrak{b}^*_{B,2}$ und $\mathfrak{r}^*$ muß auch das Bild $\mathfrak{b}^*_{B\ \mathrm{um}\ A,2}$ gehen, außerdem durch $\mathfrak{e}_{AB}$, denn die Vektoren $\mathfrak{b}'_{B,2}$ und $\mathfrak{b}'_{B\ \mathrm{um}\ A,2}$ halten dem Vektor $\mathfrak{r}$ das Gleichgewicht. Somit liegt das Bild $\mathfrak{b}_{B\ \mathrm{um}\ A,2}$ auch fest, und $\mathfrak{r}$ kann zerlegt werden in:

$$\mathfrak{r} = \mathfrak{b}'_{B,2} + \mathfrak{b}'_{B\ \mathrm{um}\ A,2}$$

Wenn drei Kräfte im Gleichgewicht stehen, so müssen sämtliche Kraftrichtungen durch einen gemeinsamen Punkt gehen nach den Grundgesetzen der

Statik. Die Zerlegung von $\mathfrak{r}$ in die ermittelten Richtungen $\mathfrak{b}_{B\ um\ A,2}$ parallel $\mathfrak{b}^*_{B\ um\ A,2}$ und $\mathfrak{b}_{B,2}$ parallel $\mathfrak{b}^*_{B,2}$ liefert Größe und Richtung. Schließlich liefert die Zusammensetzung $\mathfrak{b}^{\mathfrak{m}}_{B,1} + \mathfrak{b}^{\mathfrak{m}}_{B,2} = \mathfrak{b}_B$ die gesuchte Bildlänge $\mathfrak{b}_B = \mathfrak{b}'_{B'}$ die durch den Punkt O' zu legen ist, da sie in der Abbildungsebene wirkt.

Als nächstes ist der Vektor $\mathfrak{l}$ der Winkelbeschleunigung zu ermitteln. Zu dem Zweck muß sein Bild konstruiert werden, das sich als Antipolare aus dem Antipol $e_{\mathfrak{l}}$ ergibt.

Der Antipol $e_{\mathfrak{l}}$ setzt folgende Ermittlungen voraus:
Da der Beschleunigungspol Π einer sphärischen Bewegung in den festen Drehpunkt O fällt, so ist $\mathfrak{b}_A$ bei Drehung um $O \equiv \Pi$

$$\mathfrak{b}_A = \mathfrak{b}_{A\tilde{\Pi},1} + \mathfrak{b}_{A\tilde{\Pi},2}$$

worin $\mathfrak{b}_{A\tilde{\Pi},1} = v_A^2/\mathfrak{u}_{A\tilde{\Pi}}$ senkrecht zu $\mathfrak{v}_A$ die konstruierbare Normalbeschleunigung nach Größe und Richtung der Drehung des Punktes A um die durch $\Pi \equiv 0$ gelegte momentane Drehachse $\mathfrak{w}$ ist, wobei $\mathfrak{u}_{A\tilde{\Pi}}$ als kürzester Abstand des Punktes A von dieser Drehachse, d.h. das Lot von A auf die durch Pol $\Pi \equiv 0$ gelegte Drehachse $\mathfrak{w}$ ist mit Fußpunkt K. Die Normalbeschleunigung fällt also in das Lot AK und ist zum Drehpol K gerichtet.

Der tangentielle Anteil der Absolutbeschleunigung $\mathfrak{b}_A$ ist $\mathfrak{b}_{A\tilde{\Pi},2} = \mathfrak{l} \times \mathfrak{r}_A$ als Vektorprodukt. $\mathfrak{r}_A$ = Ortsvektor $\cdot\ \overline{OA} \equiv \overline{\Pi A}$

Die Normalbeschleunigung $\mathfrak{b}_{A\tilde{\Pi},1}$ steht senkrecht auf dem Drehvektor $\mathfrak{W}$ bzw. Drehachse $\mathfrak{w}$ und senkrecht auf der Geschwindigkeit $\mathfrak{v}_A$ (Umfangsgeschwindigkeit) (Satz 4). Somit stellt die Verbindung e_A mit e_ω das Bild $\mathfrak{b}^*_{A\tilde{\Pi},1}$ dar. (Satz 4 und dual dazu Satz 5 und 6). Zieht man nun durch A' die Parallele zu diesem Bild $b^*_{A\tilde{\Pi},1}$ bis zum Schnitt K' mit ω', so ist A'K' der Grundriß des Lotes $\mathfrak{u}_{A\tilde{\Pi}}$ (Lot AK).

Räumliche Betrachtung:
Man trägt die gegebene Geschwindigkeit $\mathfrak{v}_A$ (Umfangsgeschwindigkeit) im Punkte A an, der Endpunkt ist a.

$$\overrightarrow{Aa} = \mathfrak{v}_A$$

und errichtet in der Ebene Aka im Punkte a die Normale auf aK, so schneidet diese Normale die Verlängerung der Geraden KA in einem Punkte H wobei $\overline{HA} = \mathfrak{b}_{A\tilde{\pi},1}$ die Größe des Normalbeschleunigungsbildes ist. Seine Richtung ist um 180° gedreht, also zum Drehzentrum K gerichtet.

Zur Durchführung der Konstruktion in der Ebene, bzw. in der Abbildungsebene benötigt man den Antipol $\mathfrak{e}_{KA}$ des Bildes von Ka (K'a'), der auf ω liegt und außerdem das Bild aH , das durch die Verbindung $\mathfrak{e}_{KA}$ mit $\mathfrak{e}_{\omega}$ gegeben ist.

Man setzt die Umfangsgeschwindigkeit v_A im Punkte A an, d.h. in der Abbildungsebene $\mathfrak{w}'_A$ in A', der Endpunkt ist a'.

Der Schnitt des Raumlotes AD, in dem die Normalbeschleunigung $\mathfrak{b}_{A\tilde{\pi}1}$ liegt, mit der Drehachse $\mathfrak{n}$ (Schnittpunkt = Fußpunkt K) stellt in der Abbildungsebene den Schnitt der Parallelen zum Bilde $\mathfrak{b}_{A\tilde{\pi},1}$ durch A' mit der zur Raumdrehachse $\mathfrak{n}$ gezogenen Parallelen $\mathfrak{n}'$ durch O' dar, als Schnittpunkt ergibt sich K'. Somit entspricht A'K' der Grundrißprojektion $\mathfrak{u}_{A\tilde{\pi}1}$ in der Grundriß- bzw. dazu parallelen Abbildungsebene (A'K' $= \mathfrak{u}'_{A\tilde{\pi}1}$ ist der ebene Ersatz für das räumliche OA $\equiv \tilde{\pi}$ A).

Nun verbindet man a' mit K' und hat damit den abgebildeten ebenen Ersatz für das räumliche aO $\equiv$ a$\tilde{\pi}$. Man errichtet weiter räumlich gesehen in der Ebene AKa, in der die Umfangsgeschwindigkeit $\mathfrak{w}_{A\tilde{\pi}}$ wirkt, im Punkte a die Normale auf aK, und diese Normale schneidet die Verlängerung der Raumgeraden AK im Raumpunkt H, wobei HA bereits die Größe $\mathfrak{b}_{A\tilde{\pi}1}$ ist. In der Abbildungsebene sieht das vorgenannte räumliche Problem als ebene Konstruktion folgendermaßen aus: Man verbindet a' mit K' (Ersatz für aO = a$\tilde{\pi}$) = K'a'. Sodann konstruiert man den Antipol von K'a'. Dieser ist $\mathfrak{e}_{Ka}$ und muß auf dem Bilde ω liegen, da Ka senkrecht zur Drehachse $\mathfrak{n}$ bzw. Drehvektor $\mathfrak{d}$ steht. Daher muß der Antipol $\mathfrak{e}_{Ka}$ des Bildes Ka auf dem Bild ω* liegen gemäß Satz 4. Man errichtet vereinfacht die Normale auf K'a' durch O', wo diese Normale das Bild ω * schneidet, liegt der gesuchte Antipol $\mathfrak{e}_{Ka}$.

Nun verbindet man den Antipol $\mathfrak{e}_{Ka}$ mit dem Antipol $\mathfrak{e}_{\omega}$ und erhält so das benötigte Bild aH und eine Parallele zu aH durch a' schneidet die Verlängerung KA' in H' wobei A'H' die gesuchte Bildgröße $\mathfrak{b}_{A\tilde{\pi},1} = \mathfrak{b}'_{A\tilde{\pi},1}$ ist (Durch diese Konstruktion in der ebenen Abbildung erhält man den Ersatz der räumlichen Konstruktion, nämlich eine Normale auf Oa in a zu errichten bis zum Schnittpunkt H auf der Verlängerung OA ersatzweise ausgeführt).

Wir können also aus $\mathfrak{b}_A^{\blacksquare}$ und $\mathfrak{b}_{A\tilde{\Pi}_1}^{\blacksquare}$ die Richtung und Größe von $\mathfrak{b}_{A\tilde{\Pi}_1}$ ermitteln = $(\overrightarrow{\alpha})\,\alpha$ = Bildgröße. Das Bild $\mathfrak{b}^*_{A\tilde{\Pi}_2}$ ist parallel zu der ermittelten Bildgröße $\mathfrak{b}_{A\tilde{\Pi}_2} = \mathfrak{b}'_{A\tilde{\Pi}_2}$ und muß durch den Antipol $\mathfrak{e}_A$ des Bildes v_A* gehen ($\mathfrak{e}_A$ ist bereits bekannt), da der Vektor $\mathfrak{w}_A$ in der gleichen Ebene wirkt wie $\mathfrak{w}_A$ und diese Wirkebene ist in der Abbildungsebene durch den Antipol $\mathfrak{e}_A$ abgebildet, d.h. es ist der charakteristische Bildpunkt dieser Wirkebene.

Nun liegt auf dem Bilde $\mathfrak{b}^*_{A\tilde{\Pi}_2^*}$ der Antipol $\mathfrak{e}_{\mathfrak{l}}$, der sich als Schnittpunkt der beiden Bilder $\mathfrak{b}^*_{A\tilde{\Pi}_2}$ und $\mathfrak{b}^*_{B\text{ um }A,2}$ ergibt, denn die Vektoren $\mathfrak{b}_{A\tilde{\Pi}_2}$ und $\mathfrak{b}_{B\text{ um }A,2}$ stehen senkrecht auf dem Vektor $\mathfrak{l}$ der Winkelbeschleunigung. Wir benötigen also zunächst das Bild $\mathfrak{l}^*$, das sich aus dem Antipol $\mathfrak{e}_{\mathfrak{l}}$ als Antipolare ergibt.

Konstruktion des Bildes $\mathfrak{l}^*$:

Man verbindet den Antipol $\mathfrak{e}_{\mathfrak{l}}$ mit O' über O' hinaus, auf dieser Verlängerung liegt ein Punkt des Bildes $\mathfrak{l}^*$. Die Normale in O' auf $\mathfrak{e}_{\mathfrak{l}}$ O' schneidet den Abbildungskreis. Den Schnittpunkt verbindet man mit $\mathfrak{e}_{\mathfrak{l}}$. Dann errichtet man eine Normale im Schnittpunkt des Abbildungskreises (90°), wo diese die Gerade O'$\mathfrak{e}_{\mathfrak{l}}$ schneidet, liegt ein Punkt des Bildes $\mathfrak{l}^*$. Durch diesen Punkt legt man das Bild $\mathfrak{l}^*$ parallel zur Geraden O' Schnittpunkt des Abbildungskreises (Diese Richtung entspricht der Grundrißrichtung des Vektors $\mathfrak{l}'$).

Nach der Konstruktion des Bildes $\mathfrak{l}^*$ des Vektors $\mathfrak{l}$ als Antipolare des Antipols $\mathfrak{e}_{\mathfrak{l}}$ kann man auch die Bildgröße $\mathfrak{l} = \mathfrak{l}'$ ermitteln. Damit wäre dann der Beschleunigungszustand eindeutig festgelegt, denn es ist jetzt der Drehvektor $\mathfrak{w}$ und der Vektor $\mathfrak{l}$ der Winkelbeschleunigung bekannt.

Die Länge des Bildes $c\cdot\mathfrak{l}'$ (Bildgröße) ergibt sich durch Umkehrung der in Abbildung 4 FB 427 Seite 23 gezeigten Konstruktion unter Benutzung des Spurpunktes $g_{A,2}$ des in A angesetzten Vektors $\mathfrak{l}$ (Momentenvektor).

Konstruktion des Spurpunktes $g_{A,2}$:

Der gesuchte Spurpunkt $g_{A,2}$ ist ein Punkt in der Abbildungsebene, der den Durchstoßpunkt des Raumvektors $\mathfrak{l}$ mit der Grundrißebene abbildet, wobei der Vektor $\mathfrak{l}$ im Punkte A angesetzt wird, d.h. parallel zu sich selbst in den Punkt A verschoben wird.

Wo das Bild $\mathfrak{l}^*$ die vertikale Z-Achse schneidet, liegt der Punkt $T_{\mathfrak{l}}$, der mit f verbunden wird. $T_{\mathfrak{l}}f$ ist bereits die Aufrißebene, also legt man eine Parallele zu $T_{\mathfrak{l}}f$ durch den Aufrißpunkt A''. Wo diese den Grundschnitt schneidet, ist $g''_{A,2}$. Die Lotung von $g''_{A,2}$ in dem Grundriß (Ordnungslinie) schneidet die durch A' gezogene Parallele zu $\mathfrak{l}$. Dieser Schnittpunkt ist der gesuchte Spurpunkt $g'_{A,2} = g_A$ in der Abbildungsebene.

Konstruktion der Bildgröße (Momentenvektor) $\mathfrak{m}_{\mathfrak{l}} = c\mathfrak{l}'$:
Man trägt in O' den Vektor $-\mathfrak{b}_{A\Pi,2}$ = O'R an, der aus Beschleunigungsplan b) Zeichnung I der Größe und Richtung nach entnommen wird, der Endpunkt ist R. Nun zieht man die Spurlinie $g_{A2}e_{\mathfrak{l}}$, die die Ebene in der Abbildungsebene wiedergibt in der der Vektor $\mathfrak{l}$ wirkt.

Zu dieser Spurlinie $g_{A2}\ e_{\mathfrak{l}}$ (Ebene im Raum) zieht man die Normale durch den Endpunkt R von $-\mathfrak{b}_{A\Pi,2}$, wo diese die Parallele durch O' zum Bild $\mathfrak{l}^*$ schneidet, liegt der Endpunkt L' der gesuchten Bildgröße $\mathfrak{l}'\cdot c$ = O'L' $= \mathfrak{m}'$ (Momentenvektor) Bildgröße des Vektors $\mathfrak{l}$ der Winkelbeschleunigung. (Soweit die Ermittlungen im Beschl.Plan I.) Somit ist der Beschleunigungszustand eindeutig festgelegt, denn es ist die Beschleunigung irgendeines Systempunktes x

$$\mathfrak{b}_x = \mathfrak{w} \times \mathfrak{w} \times \mathfrak{r}_x + \mathfrak{l} \times \mathfrak{r}_x$$

wobei $\mathfrak{r}_x$ der Ortsvektor ist, d.h. der Fahrstrahl vom festen Bezugspunkt = Drehpunkt = Beschleunigungspol ($0 \equiv \Pi$) zum untersuchten beliebigen Systempunkt x (s. Beschl.Plan II).

Zur Klarstellung der vielseitigen Konstruktionen nach dem vorgenannten Verfahren wird der bisherige Gang der Ermittlungen nochmals zusammengefaßt: (von Beschl.Plan I)

Konstruktiongsgang der Beschleunigungsermittlung $\mathfrak{b}_B$ als vorläufiges Teilergebnis der in B geführten Taumelscheibe nach dem MAYOR und v.MISESschen Verfahren (Zchg. Nr. I):
Das Taumelscheibengetriebe ist in Grund- und Aufriß in seinen Abmessungen gegeben (Maßstab der Zeichnung 1:2). Die Abbildungskonstante c wurde gleich dem Halbmesser OB der Taumelscheibe, d.h. gleich dem Halbmesser des Führungskreises von B gewählt. Die Geschwindigkeit $|\mathfrak{v}_A| = V_A$ sei als konstant angenommen, d.h. ω = const. Ferner wurde die Untersuchung für $\omega = 1$ gezeichnet, so daß die Geschwindigkeit $\mathfrak{v}_A$ = O''A'' = Kurbel-

länge wird, somit wird die Beschleunigung des Punktes A = A''O'', d.h. ebenfalls gleich der Kurbellänge und stellt eine reine Normalbeschleunigung dar, mit Richtung zum Drehpunkt O''.

Konstruktion der Normalbeschleunigung $\mathfrak{n}_A$ (Abb. 2)

1) Mache für jede zu untersuchende Kurbelstellung 0°, 15° 30° .... die Geschwindigkeit des Punktes A = A'' im Aufriß gleich der Kurbellänge $\mathfrak{w}_A$ = A"O" = A"a" im Drehsinn von ω.
Verbinde O'' mit Endpunkt a'' von $\mathfrak{w}_A$, wobei der Winkel A''O''a'' = ϑ_1 ist. Errichte in a'' die Normale, wo diese die Verlängerung O''A'' schneidet, haben wir im Schnittpunkt A'' die Größe der Normalbeschleunigung. Die Richtung erhalten wir durch Drehung des A'' Schnittpunktbetrages um 180°, d.h. die Normalbeschleunigung ist dann A''O'' in Größe und Richtung gegeben und gleich der Kurbellänge, da ω = const, d.h. $\mathfrak{b}_A$ = $\mathfrak{n}_A$ für ω_1 = 1 const.

2) Lote den Aufriß $\mathfrak{w}''_A$ = A"a" und $\mathfrak{b}''_A$ = A"O" in den Grundriß auf die Wirkgerade im Abstand $O''O_2$ = 300 mm, somit erhält man 3)

3) $\mathfrak{w}'_A$; $\mathfrak{b}'_A$ im Grundriß auf Wirkgerade im Abstand 300 mm von O.

4) Verbinde A' mit O' (Schrägzapfen N im Grundriß)

Konstruktion der Geschwindigkeitsbilder V^*_A; V^*_B und des Beschleunigungsbildes $\mathfrak{b}^*_B$.

5) Ziehe parallel zu $\mathfrak{w}''_A$ (aus Aufriß) im Grundriß (Abb.Eb.) durch f (Schnitt der y-Achse mit Abb.Kreis) die Parallele wo diese die z-Achse schneidet, ist Punkt T_A . 6)

6) Punkt T_A aus 5)

7) Ziehe durch T_A parallel zum Grundriß $\mathfrak{w}'_A$, dadurch erhält man das Bild bzw. den Bildträger $\mathfrak{v}_A$.

8) Wo $\mathfrak{v}^*_A$ 7) die Grundrißnormale N = A'O' schneidet, liegt der Antipol von ω , der Schnittpunkt e_ω . Durch e_ω gehen alle Bilder der Geschwindigkeit, z.B. $\mathfrak{v}^*_A$ da $\mathfrak{w}_A$ senkrecht auf ω steht.

9) Errichte auf 5) = T_A f in f die Normale, wo diese die Z-Achse schneidet, liegt der Antipol e_A des Bildes $\mathfrak{v}_A$ 10)

10) Schnittpunkt e_A = Antipol des Bildes $\mathfrak{v}_A$ auf Z-Achse, durch ihn muß das Bild ω gehen (s. 13))

11) Bild $\mathfrak{v}_B$ bzw. $\mathfrak{b}_B$ liegt auf der Normalen durch O' zu B'B_1'. Verlängere also A'O' über O' hinaus. Senkrecht zu Bild $\mathfrak{v}_B$ bzw. Bild $\mathfrak{b}_B$ steht das Bild ω .

12) Durch e_A 10) und senkrecht zu Bild $\mathfrak{b}_B$ 11) lege das Bild ω . 13)

13) Bild ω . (Auf ω liegt also e_A ferner e_{DE}, e_{BA} siehe später. Das Bild ω stellt die Antipolare zum Antipol e_ω dar

14) Ziehe Parallele zu Bild ω durch O' (wird zur Konstruktion von $\mathfrak{b}_{B1}$ benötigt) und eine Parallele zu Bild ω durch A' (wird zur Konstruktion von D' benötigt).

e_{BA} = Antipol des Bildes $\mathfrak{w}_{B\ um\ A}$.

15) Ziehe die Normale zu $\mathfrak{w}_{B\ um\ A}$ (aus Geschwindigkeitsplan) durch O', wo diese das Bild ω schneidet, liegt e_{BA}.

16) e_{BA} Antipol von $\mathfrak{v}_{B\ um\ A}$ als Schnittpunkt der Normalen zu $\mathfrak{w}_{B\ um\ A}$ durch O' mit Bild ω , da $\mathfrak{w}_{B\ um\ A}$ senkrecht zu ω steht.

17) Verbinde e_{BA} mit e_ω und man erhält das Bild der Normalbeschleunigung $b_{B\ um\ A1}$.

18) Ziehe eine Parallele zu Bild $b_{B\ um\ A1}$ 17) durch B', wo diese die Parallele zu Bild ω durch A' 14) schneidet, liegt der gesuchte Schnittpunkt D' 19).

19) Schnittpunkt D' aus 18) und 14) durch A', wobei B'D' = Grundriß des Lotes von $\mathfrak{u}_{BA}$ = BD.

Konstruktion von $\mathfrak{b}_{B\ um\ A1} = \dfrac{\mathfrak{v}^2_{B\ um\ A}}{\mathfrak{u}_{B\ um\ A}} = \overline{FB}$ 27)

20) Trage $\mathfrak{w}_{B\ um\ A}$ (aus Geschwindigkeitsplan bekannt = $\overline{ab}$) in B' an und zwar senkrecht zu O' e_{BA} = 15) und verbinde Endpunkt E' von $\mathfrak{w}_{B\ um\ A}$ mit D'.

21) Endpunkt E' von $\mathfrak{w}_{B\ um\ A}$.

22) Verbinde E' mit D' und ziehe parallel zu E'D' durch e_ω das Bild DE (DE liegt in der Ebene DBE, deren Bildpunkt e_ω ist).

23) Errichte auf E'D' = 22) die Normale durch O'. Wo diese das Bild ω schneidet, liegt der Antipol e_{DE} = 24).

24) Antipol e_{DE}.

25) Verbinde e_{DE} mit e_ω , und wir erhalten das Bild EF*.

26) Ziehe die Parallele zu Bild EF^* durch E'. Diese schneidet auf B'D'18) der Parallelen zu $\overline{e_{BA}\, e_{\omega}}$ den gesuchten Punkt F', wobei B'F' die gesuchte Teilbeschleunigung $\mathfrak{b}_{B \text{ um } A,1}$ ist.

27) $F'B' = \mathfrak{b}_{B \text{ um } A,1}$.
Konstruktion von $\mathfrak{b}_{B,1}$

28) Trage in B' die aus Geschwindigkeitsplan ermittelte Geschwindigkeit $\mathfrak{w}_B$ der Größe und Richtung nach an ($\parallel \mathfrak{v}^*_B$ d.h. $\perp$ O'B'); der Endpunkt von $\mathfrak{w}_B$ ist $\mathfrak{b}'$ = 29).

29) Endpunkt von $\mathfrak{w}_B$ ist $\mathfrak{b}'$.

30) Verbinde $\mathfrak{b}'$ mit O' und errichte Normale dazu in $\mathfrak{b}'$ = 31).

31) Errichte Normale zu b'O' in b' und bringe sie zum Schnitt in G' = 32) mit der Verlängerung B'O'.

32) $G'\,B' = \mathfrak{b}'_{B,1} = \frac{v^2}{B'O'}$. Das Bild von b^*_{B1} geht durch O', da diese Normalbeschleunigung in der Bildebene liegt = 33).

33) Bild b^*_{B1} geht durch O'. Nun setzen wir die drei Vektoren $\mathfrak{b}_A$, $\mathfrak{b}_{B \text{ umA1}}$ und $-\mathfrak{b}_{B1}$ zu einem Hilfsvektor $\mathfrak{r}$ zusammen (geometrische Addition) mit Hilfe eines Kraft- und Seilecks, dessen Pol $\mathfrak{P}$ beliebig wählbar ist.

34) $\mathfrak{r} = b_A + b_{B \text{ um } A1} - b_{B1}$

Der Hilfsvektor $\mathfrak{r}$ liegt im Krafteck zwischen den äußeren Polstrahlen 1 und 4, wo also im Seileck die äußeren Seilstrahlen 1 und 4 sich schneiden, muß auch die Schlußlinie $\mathfrak{r}$ durchgehen, da $\mathfrak{r} + 1 + 4 = 0$ d.h. das Bild von $\mathfrak{r}^*$ ist parallel dem Vektor $\mathfrak{r}$ und geht durch vorgenannten Schnittpunkt der Seileckseiten 1' und 4', denn $\mathfrak{r} + 1 + 4 = 0$ heißt, daß die Kräfte im Gleichgewicht sind und somit durch einen gemeinsamen Punkt gehen müssen.

35) Pol $\mathfrak{P}$ ist beliebig wählbar. Ziehe die Polstrahlen 1, 2, 3 und 4 mit $\mathfrak{b}_A$ beginnend.
Das Seileck ist beliebig verschiebbar,solange man sich mit den Seileckpunkten auf den zugehörigen Bildern bewegt, ist das Ergebnis stets gleich

36) Wo das Bild $\mathfrak{r}^*$ das Bild b^*_{B2} schneidet, liegt der Schnittpunkt S. 37) Das Bild b^*_{B2} geht durch O' und steht senkrecht auf B'O'.

37) Schnittpunkt S ist gemeinsamer Punkt der drei Bilder b^*_{B2} r^* und $b^*_{B\ um\ A2}$. Um das Bild $b^*_{B\ um\ A,2}$ zeichnen zu können, benötigen wir noch den Antipol e_{AB}.

Konstruktion von e_{AB}.

38) Errichte die Normale auf A'B' durch O'.

39) Verbinde im Aufriß A'' mit B''.

40) Ziehe durch f die Parallele zu A''B'', diese Parallele trifft die z-Achse in T_{AB} 41)

41) T_{AB} = Schnittpunkt der Parallelen zum Aufriß A''B'' durch f mit der Z-Achse.

42) Lege durch T_{AB} eine Parallele zu A'B', es ergibt sich das Bild der Geraden AB.

43) Ziehe ferner die Parallele zu A'B' bzw. Bild AB durch O'. Wo diese den Abbildungskreis trifft, verbinde mit Schnittpunkt des Bildes AB mit der Normalen durch O'.

44) Schnitt von 43) mit Abbildungskreis.

45) Verbinde 44) mit Schnittpunkt Bild AB und Normale durch O'. 38)

46) Trage auf 45) in 44) einen rechten Winkel an, dessen Schenkel trifft die Normale auf AB durch O' in e_{AB}.

47) e_{AB} (mit e_{AB} und S = 37) ist die Richtung des Bildes $b^*_{B\ um\ A,2}$ gegeben, und somit können wir die Zerlegung von $\mathfrak{v}$ durchführen.

48) Die Parallele zum Bild $b^*_{B\ um\ A,2}$ im Beschleunigungsplan (Zerlegung von $\mathfrak{v}$) verschieben und mit 32) = $\mathfrak{b}_{B2}$ Krafteck schließen, womit sich die Größe von $\mathfrak{b}_{B\ um\ A,2}$ ergibt.

49) Ermittlung von $\mathfrak{b}_B = \mathfrak{b}_{B2} + \mathfrak{b}_{B,1}$

50) Aus Bild 49) ergibt sich die Richtung des Bildes b^*_B das durch O' geht

Konstruktion des Vektors $\mathfrak{e}$ (Vektor der Winkelbeschleunigung):

Es ist $\mathfrak{b}_A = \mathfrak{b}_{A\,\Pi,1} + \mathfrak{b}_{A\,\Pi,2}$

da Beschleunigungspol der sphärischen Bewegung $\Pi \equiv 0$ in den festen Drehpunkt O fällt.

Konstruktion der Normalebeschleunigung $\mathfrak{b}_{A\,\Pi,1}$ durch Drehung des Punktes A um die durch $\Pi \equiv 0$ gelegte momentane Drehachse $\mathfrak{w}_0$. Diese steht senkrecht auf w und v_A, somit ist ihr Bild die Gerade $\overline{e_\omega e_A}$ $b_{A\pi,1} = \frac{v_A^2}{u_{A\pi}}$ wobei $u_{A\pi}$ der kürzeste Abstand des Punktes A von der Drehachse w ist und $b_{A\pi,2} = \ell \times v_A$

Konstruktion von $b_{A\pi,1}$. e_{KA} = Antipol von $K'a'$

51) Verbinde e_A mit e_ω, womit das Bild $b^*_{A\pi,1}$ sich ergibt

52) Ziehe die Parallele zu Bild $b^*_{A\pi,1}$ durch A', wo diese das Bild ω' schneidet liegt K'.

53) K'A' = $u'_{A\pi}$ Grundriß des Lotes $u_{A\pi}$.

54) Verbinde Endpunkt von v_A' mit K' = a'K'.

e_{KA} = Antipol von K'a'

55) Errichte die Normale zu a'K' durch O'. Wo diese das Bild ω^* schneidet, liegt der Antipol e_{KA}.

56) e_{KA}

57) Verbinde e_{KA} mit e_ω, und man erhält das Bild aH^*.

58) Ziehe die Parallele zu Bild aH^* 57) durch a' = Endpunkt v_A', wo diese die Parallele zu Bild $b^*_{A\pi,1}$ 51) = 52) schneidet liegt H'.

59) A'H' = $b_{A\pi,1}$ Parallelverschiebung im Beschleunigungsplan P.

60) P (α) = A'H' = $b_{A\pi,1}$

61) Schließe das Krafteck P $(\alpha)\alpha$, in dem man (α) mit α verbindet. Daraus ergibt sich Größe und Richtung von $b_{A\pi,2}$.

62) Ziehe die Parallele zum Vektor $b_{A\pi,2}$ aus Beschleunigungsplan $\overline{(\alpha)\alpha}$ das Bild $b^*_{A\pi,2}$, was durch e_A gehen muß. Vektor $b_{A\pi,2}$ und B um A_2 stehen senkrecht zu ℓ und Bild $b^*_{A\pi,2}$.

63) Schnittpunkt e_ℓ aus Bild $b^*_{B\text{ um }A,2}$.

Konstruktion des Bildes ℓ^* als Antipolare von e_ℓ.

64) Verbinde e_ℓ mit O' und über O hinaus, auf dieser Geraden liegt ein Punkt des gesuchten Bildes ℓ^*.

65) Ziehe die Normale zu 64) e_ℓ O' in O'.

66) Wo die Normale 64) in O' auf e_ℓ O' den Abbildungskreis schneidet, verbinde diesen Schnittpunkt mit e_ℓ, und errichte im Schnittpunkt den rechten Winkel.

67) Lege im Schnittpunkt der Normalen durch O' einen rechten Winkel an, der eine Schenkel ist Schnittpunkt e_ℓ.

68) Wo der zweite Schenkel die Verlängerung $\overline{e'_\ell\ O'}$ trifft, liegt ein Punkt des gesuchten Bildes ℓ^*. Durch diesen gefundenen Punkt ziehe das Bild ℓ^* parallel zu O' und Schnittpunkt auf dem Abbildungskreis, womit das gesuchte Bild ℓ^* als Antipolare des Antipols e_ℓ festliegt. Somit können wir den Spurpunkt $g_{A,2}$ ermitteln. (Durchstoßpunkt des Winkelbeschleunigungs-Vektors ℓ durch die Grundriß-Ebene)

Konstruktion von $g_{A,2}$.

69) Wo das Bild ℓ^* die vertikale Z-Achse schneidet, liegt der Punkt T_ℓ.

70) Verbinde T_ℓ mit f und lege diese Richtung in den Aufriß durch A''.

71) Lege im Aufriß A''$g''_{A,2}$ parallel zu fT_ℓ. Schnitt der Parallelen zu T_ℓ mit dem Grundschnitt ergibt $g''_{A,2}$.

72) Lote den Spurpunkt $g''_{A,2}$ in den Grundriß. Ordnungslinie von $g''_{A,2}$.

73) Ziehe die Parallele zu Bild ℓ^* durch A'.

74) Wo die Parallele zu ℓ^* durch A' 73) die Ordnungslinie von $g''_{A,2}$ schneidet, ist der gesuchte Spurpunkt $g'_{A,2}$, der für die Konstruktion der Momentenvektorgröße $\mathfrak{M}'_\ell = c \cdot \ell'$ wichtig ist.

75) Verbinde $g'_{A,2}$ mit e_ℓ.

Konstruktion der Momentenvektorgröße $\mathfrak{M}'_\ell = c \cdot \ell'$.

76) Trage in O' den Vektor (-) $b_{A\pi,2}$ aus Beschleunigungsplan bekannt, an. $O'R = -b_{A\pi,2}$

77) Durch den Endpunkt R von $b_{A\pi,2}$ ziehe die Normale zu $g'_{A,2}\,e_\ell$. Also steht RL senkrecht zu $g_{A,2}\,e_\ell$.

78) Wo die Parallele zu Bild ℓ^* durch O' trifft, liegt der gesuchte Endpunkt L des Momentenvektors $\mathfrak{M}''_\ell = c \cdot \ell'$. Also O'L' = cl'.

Im Beschleunigungsplan II ist die Ermittlung der Beschleunigungen weiterer Systempunkte durchgeführt.

Werden die Systempunkte C, P . . . . durch die auf den festen Drehpunkt O als Anfangspunkt bezogenen Ortsvektoren r_c, r_p.... festgelegt, so sind deren Beschleunigungen:

$$\mathfrak{b}_c = \mathfrak{w} \times \mathfrak{w} \times \mathfrak{r}_c + \mathfrak{l} \times \mathfrak{r}_c$$

$$\mathfrak{b}_p = \mathfrak{w} \times \mathfrak{w} \times \mathfrak{r}_p + \mathfrak{l} \times \mathfrak{r}_p$$

Der Drehpunkt der wieder in die Bildebene gelegt wird, ist gleichzeitig der Beschleunigungspol Π . $(0 \equiv g_{\omega} \equiv \Pi)$. Das bedeutet eine Vereinfachung, und der Beschleunigungszustand ist somit durch den Drehvektor $\mathfrak{w}$ und durch den Vektor $\mathfrak{l}$ der Winkelbeschleunigung bestimmt.

Für die reduzierte Beschleunigung des Systempunktes C z.B. erhalten wir:

$$\mathfrak{f}_c = \breve{\mathfrak{u}} \times \breve{\mathfrak{u}} \times \mathfrak{r}_c + \mathfrak{l}_r \times \mathfrak{r}_c = \mathfrak{f}_{c1} + \mathfrak{f}_{c,2}$$

$\mathfrak{f}_{c,1}$ = reduzierte Normalbeschleunigung (Zentripetalbeschleunigung)

$\mathfrak{f}_{c,2}$ = reduzierte Tangentialbeschleunigung

Um das Bild der reduzierten Normalbeschleunigung $\mathfrak{f}^*_{c,1}$ zu erhalten, bestimmen wir den Spurpunkt $\mathfrak{g}_{c,1}$ d.h. der durch C gezogenen Parallelen zur Drehachse, oder mit anderen Worten, wir setzen Drehvektor $\mathfrak{w}$, der zum Einheitsvektor $\breve{\mathfrak{u}}$ gemacht wird, im System-Punkt C an und stellen dessen Durchstoßpunkt mit der Grundrißebene (Grundschnitt) fest und bilden diesen Durchstoßpunkt in der Abbildungsebene ab, womit wir den Spurpunkt $\mathfrak{g}_{c,1}$ haben.

Der Einheitsvektor $\breve{\mathfrak{u}}$ Abbildung 1 ergibt sich aus dem bekannten Drehvektor $\mathfrak{w}$, der nach Größe und Richtung nach vorausgegangenem bekannt ist. Seine Bildgröße $\omega' \cdot c$ wurde im Geschwindigkeitsplan I für $\alpha = 60^{\circ}$ ermittelt. Es ist aber zweckmäßiger, mit dem Einheitsvektor $\breve{\mathfrak{u}}$ zu arbeiten. Da $\mathfrak{w}$ in 0 angreift, so ist auch die Drehachse $\mathfrak{w}$ ($\mathfrak{w}'$ $\mathfrak{w}''$) bekannt.

Man liegt den Drehvektor $\mathfrak{w}$ in die Bildebene um nach $[\omega]$ (wahre Größe). Aus Dimensionsgründen wird der Drehvektor $\mathfrak{w}$ zur reduzierten Winkelgeschwindigkeit $\breve{\mathfrak{u}}$, gleichzeitig machen wir die reduzierte Winkelgeschwindigkeit $\breve{\mathfrak{u}}$ zum Einheitsvektor $\breve{\mathfrak{u}}$ in Richtung der momentanen Drehachse, indem wir $\breve{\mathfrak{u}} = c$ wählen. $\breve{\mathfrak{u}}$ greift in 0 an.

Konstruktion des Einheitsvektors $\breve{\mathfrak{u}}$ (nach Abb. 1 ($\breve{\mathfrak{u}}'$, $\breve{\mathfrak{u}}''$))
Zunächst wird das Bild $\breve{\mathfrak{u}}^*$ gezeichnet.

Da der Einheitsvektor $\bar{\mathfrak{u}}$ in C angesetzt wird, haben wir es mit der Wirkebene $\bar{\mathfrak{u}}$CO zu tun, die durch die Spur O'$\mathfrak{g}_{c1}$ und den Abbildungspunkt e_{ε} in der Abbildungsebene dargestellt wird. Es liefert der Schnittpunkt der Geraden O'$\mathfrak{g}_{c,1}$ mit dem Bilde $\bar{\mathfrak{u}}^{*}$ den Abbildungspunkt e_{ε} der Ebene $\varepsilon \equiv$ O'C$\bar{\mathfrak{u}}$, und es ist in der Geraden $e_{\varepsilon}e_{\omega}$ das gesuchte Bild $h^{*}_{c,1}$ gefunden.

Die durch C' gezogene Parallele zum Bild $h^{*}_{c,1}$ schneidet auf $\bar{\mathfrak{u}}'$ bzw. der Grundrißprojektion der Drehachse ω' den Grundriß d' aus, wobei d der Fußpunkt der Normalen aus C auf die Drehachse ist. Das Lot vom untersuchten Systempunkt C auf die durch O gehende Drehachse $\mathfrak{w} \equiv \bar{\mathfrak{u}}$ ist der gesuchte Teil $\mathfrak{w} \times \mathfrak{w} \times \mathfrak{r}_c = \mathfrak{f}_{c,1}$ der vorausgegangenen Vektorgleichung $\mathfrak{b}_c = \mathfrak{w} \times \mathfrak{w} \times \mathfrak{r}_c + \mathfrak{l} \times \mathfrak{r}_c$ und stellt ein statisches Moment dar. Somit ist die Bildlänge (Bildgröße) $\mathfrak{f}_{c,1}$ = C'd' gefunden.

Der zweite Beschleunigungsanteil $\mathfrak{f}_{c,2} = \mathfrak{l} \times \mathfrak{r}_c = \mathfrak{r}_c \times (-\mathfrak{l}_r)$ ist als statisches Moment des in C angesetzten Vektors $(-\mathfrak{l}_r)$ um den Ursprungspunkt O nach Abbildung 4 FB Nr. 427, Seite 23 zu konstruieren.

Der Vektor $\mathfrak{l}_r$ und sein Bild $\mathfrak{l}^{*}$ als Antipolare des Antipols $e_{\mathfrak{l}}$ sind im Beschleunigungsplan Zeichnung I bereits ermittelt worden. Der reduzierte Vektor $\mathfrak{l}_r$ wird ebenfalls zweckmäßigerweise in einen Einheitsvektor mit der Maßeinheit = c verwandelt und in die Abbildungsebene umgelegt. Die richtige Lage von $\mathfrak{l}_r$ ergibt sich analog zu der Konstruktion $\bar{\mathfrak{u}}$ nach Abbildung 1.

Nachdem nun $\mathfrak{l}_r'$ ermittelt wurde, wird der Spurpunkt $\mathfrak{g}_{c,2}$ konstruiert, d.h. der Durchstoßpunkt des in C angesetzten Winkelbeschleunigungsvektors $\mathfrak{l}$ durch die Grundrißebene wird in der Abbildungsebene abgebildet, indem die Parallele zur Beschleunigungsdrehachse $\mathfrak{l}(\mathfrak{l}'\ \mathfrak{l}'')$ durch C gezogen wird.

Es wird $\mathfrak{l}_r'' \parallel T\mathfrak{l}f$ und mit Grundschnitt zum Schnitt gebracht = $\mathfrak{g}''_{c,2}$, und diesen mittels einer Ordnungslinie zum Schnitt mit der durch C' gezogenen Parallelen zu $\mathfrak{l}_r'$ gebracht, damit ist der gesuchte Spurpunkt $\mathfrak{g}_{c,2}$ auch in der Abbildungsebene festgelegt.

Sodann erhält man das gesuchte Bild $h^{*}_{c,2}$ als Normale zu O'$\mathfrak{g}_{c,2}$ durch den Antipol $e_{\mathfrak{l}}$. (Denn der Vektor $\mathfrak{l}_r$ wirkt in der Ebene O'$\mathfrak{g}_{c,2}$C, die durch $e_{\mathfrak{l}}$ und O'$\mathfrak{g}_{c,2}$ in der Abbildung dargestellt wird.)

Die Bildgröße $h_{c,2} = 0 (\gamma)$ ergibt sich, indem man die Senkrechte zu $g_{c,2}\,e_{\ell}$ durch den Endpunkt des um 180° gedrehten Vektors ℓ'_{r} zieht und mit der Senkrechten durch O' zu $O'g_{c,2}$ in (γ) zum Schnitt bringt.

Nimmt man schließlich eine Parallelverschiebung vor, d.h. macht man (γ) γ # c'd', so ist in $O'\gamma$ die Bildlänge von f_{c} gefunden. Die Parallele zu dieser Bildlänge durch den Schnittpunkt s der beiden Bilder $h^{*}_{c,1}$ und $h^{*}_{c,2}$ ergibt das gesuchte resultierende Bild h^{*}_{c}.

Eine wesentliche Vereinfachung tritt dann ein, wenn der Drehvektor $\mathfrak{w}$ bzw. sein reduzierter Einheitsvektor $\breve{u}$ senkrecht auf der Abbildungsebene steht; in diesem Falle braucht man die Bildgröße $f_{c,1}$ nicht erst zu konstruieren, da diese Bildgröße durch c'O', also durch die Grundrißprojektion des Radiusvektors $\mathfrak{r}_{c}$ gegeben ist. Dies trifft in bestimmten Kurbellagen zu, z.B. $\alpha = 90^{\circ}, 180^{\circ}$.

Der Beschleunigungsplan Zeichnung II liefert die Beschleunigungen beliebiger Punkte mit Hilfe von $\mathfrak{w}$ und ℓ bzw. $\breve{u}$ und $\ell_{red.}$

Untersucht wurden die Punkte B, C und der zwischen diesen unter 45° liegende Anlenkpunkt P = X.

Für B erhalten wir die gleichen Werte wie im Beschleunigungsplan Zeichnung I.

Für Anlenkpunkt C, der die größte achterförmige, sphärische Bahn durcheilt, liegen die Beschleunigungswerte höher.

Für Anlenkpunkt P = X liegen die Beschleunigungswerte tiefer, und zwar liegen sie zwischen den Werten von B und C.

Mit den Beschleunigungswerten für den Anlenkpunkt P = X haben wir die Beschleunigungsverhältnisse, wie sie bei einem Taumelscheibengetriebe mit Kegelradabstützung vorliegen, genügend genau ersatzweise erfaßt.

Die Kolbenbeschleunigungen bei Anlenkung mit unendlich langer Pleuelstange und Gelenkpunkt K_1 (am Kolben) im Unendlichen, d.h. der Gleitstein G (Gelenk G) gleitet auf dem Schieber $S_1 \div S_1$ Kolben (s. Zeichnung III), ergeben die Werte in der Tabelle des Beschleunigungsplans Zeichnung II.

V. Reduzierung des sphärischen Kurbeltriebs auf ein ebenes Ersatzgetriebe

Im Beschleunigungsplan III zeigt Abbildung a) das Schema eines normalen sphärischen Kurbeltriebs (räumlicher Koppeltrieb). Der Halbstrahl 1 drehe sich gleichförmig um die Achse uo ÷ uo (ω = const.). Der kürzeste Abstand des Punktes K von der Drehachse ist kinematisch die Kurbel.

Der Halbstrahl 2, der mit 1 fest verbunden ist unter einem Öffnungswinkel von 90°, wird gezwungen, um eine zur Drehachse uo ÷ uo senkrecht stehende und durch Zentralpunkt 0 gehende Achse t ÷ t zu schwingen.

Die feststehende Hauptebene, gebildet vom Halbstrahl 2 und der Drehachse uo, und die Ebene, gebildet vom Halbstrahl 1 und der Drehachse uo, schließen den veränderlichen Kurbelwinkel α ein.

Der Schrägstellwinkel δ wird gebildet durch Drehachse uo und Halbstrahl 1. Der Winkel β wird gebildet durch die Drehachse uo ÷ uo mit Halbstrahl 2.

Es wird: Winkelweg $\beta = \text{art ctg}\,(-\,\text{tg}\,\delta \cdot \cos\alpha)$ im Bogenmaß

Winkelgeschwindigkeit $\frac{d\beta}{dt} = -\,\frac{\omega \cdot \sin\delta \cdot \cos\delta \cdot \sin\alpha}{1 - \sin^2\delta \cdot \sin^2\alpha} \left[\frac{1}{\text{sec}}\right]$ wobei ω = const.

und die Winkelbeschleunigung:

$$\frac{d^2\beta}{dt^2} = -\,\frac{\omega^2 \cdot \sin\delta \cdot \cos\delta \cdot \cos\alpha\,(1+\sin^2\alpha \cdot \sin^2\delta)}{(1-\sin^2\delta \cdot \sin^2\delta)^2}$$

Das ist die Winkelbeschleunigung des Halbstrahls 2 in Bezug auf die Drehung um die Achse t ÷ t (Festachse) da ebenes Problem. Sie ist abhängig vom Schrägstellwinkel δ, eine Veränderung des Winkels δ ist gleichbedeutend einer Veränderung des Schubstangenverhältnisses $\lambda = r/\ell$ beim ebenen Schubkurbelgetriebe, da Halbstrahl 1 und 2 den konstanten Winkel von 90° einschließen.

Würde man nun für verschiedene Schrägstellwinkel δ die Winkelbeschleunigungen analytisch oder, wie später graphisch ausgeführt, ermitteln, und über dem der Zeit proportionalen Winkelweg α auftragen, so würden die Winkelbeschleunigungskurven die Abszisse in der Mitte des Winkelweges schneiden (Durchgangspunkt für $\alpha = 90^{\circ}$) und hierzu zentrisch symmetrisch verlaufen. Ferner würden die Kurvenzüge für die Winkelbeschleunigung mit steigendem Winkel δ immer mehr von der Sinuslinie abweichen, die bekanntlich beim ebenen Kurbeltrieb mit unendlich langer Peuelstange (Kurbelschleife) vorliegt, im sphärischen Kurbeltrieb für $\delta = 0$, was aber praktisch unbrauchbar ist, denn der Winkelweg des Halbstrahls 2 würde auch 0 werden, und die Winkelbeschleunigung eine waagerechte Gerade durch den Nullpunkt.

Aus Symmetriegründen ist der Verlauf der Winkelbeschleunigungskurven für $\alpha = 180^\circ \div 360^\circ$ (Rückgang) analog dem Hingang $\alpha = 0^\circ$ - zu 180° natürlich mit entgegengesetztem Vorzeichen.

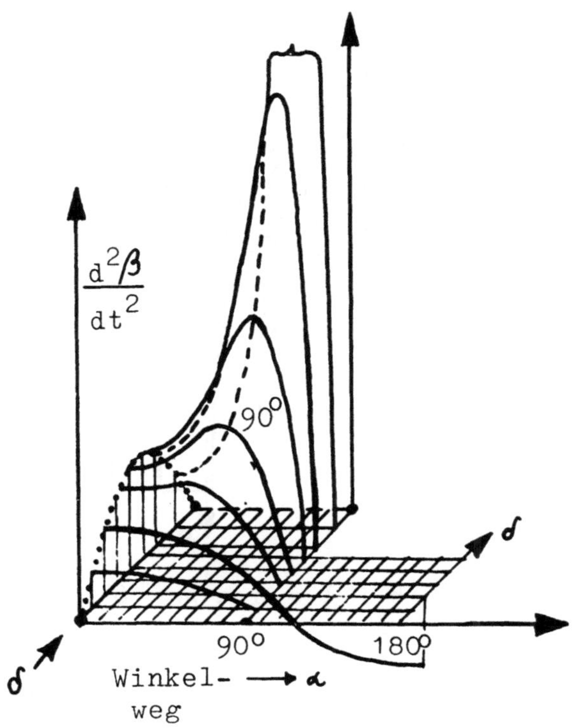

A b b i l d u n g 5

Raumschaubild. Verlauf der Winkelbeschleunigung $\frac{d^2\beta}{dt^2}$ in Abhängigkeit von dem der Zeit proportionalen Winkelweg α

Zeichnerische Ermittlung der Winkelbeschleunigung für einen sphärischen Kurbeltrieb ersetzt durch ein ebenes Kurbelgetriebe

Diese zeichnerische Ermittlung ist möglich, da Halbstrahl 1 mit 2 starr verbunden ist und den Winkel 90° einschließt. Dies ist die Bedingung für einen brauchbaren Ersatz des sphärischen Kurbeltriebs durch ein ebenes Kurbelgetriebe, denn der rechte Winkel bleibt in der Ebene erhalten, und wir wollen nur die Bewegungszustände des Halbstrahls 2 in Bezug auf seine Bewegung in der Schwingungsebene (Hauptebene) um die Achse t ÷ t und nicht etwa die Winkelbeschleunigung des räumlichen Systems des Halbstrahls 1 und 2, das nach MAYOR und von MIESES durchgeführt wurde, untersuchen.

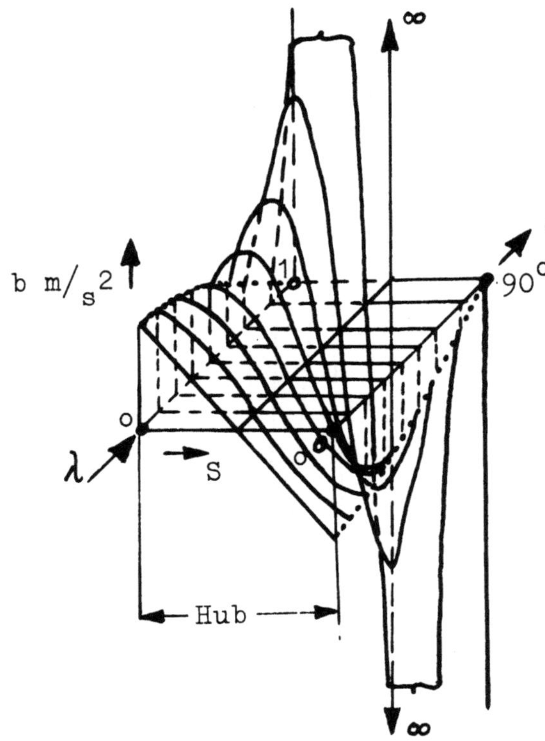

Abbildung 6
Beschleunigungen des Kolbens im Anlenkpunkt B und mit Gelenk K_1 im Unendlichen. (B = G)

In Abbildung b) des Beschleunigungsplans III ist das räumliche Getriebe in Grund- und Aufriß schematisch dargestellt. Der Halbstrahl 1 drehe sich gleichförmig um die Drehachse $w \div w$ mit ω = const., dadurch schwingt Halbstrahl 2 in der Aufrißebene. Bei orthogonaler (senkrechter) Projektion bleibt der rechte Winkel erhalten, wenn ein Schenkel des rechtwinkligen starren Systems (Halbstrahl 1 und 2) in der Aufrißebene liegt, und das trifft zu für Halbstrahl 2. Verschieben wir nun den Grundriß aus Abbildung b) so weit in den Aufriß, daß sich $O' \equiv O'_1$ mit O''_1

deckt, dann erhalten wir das gesuchte Ersatzgetriebe in Abbildung d) im Beschleunigungsplan III.

Da nun Halbstrahl 1 mit 2 unter einem Winkel von 90^{0} starr verbunden ist, so haben diese im ebenen Ersatzgetriebe das gleiche Bewegungsgesetz, es genügt also z.B. die Winkelbeschleunigung des Halbstrahls 1 zu bestimmen, und das ebene Ersatzgetriebe stellt den sogenannten Konchoidenlenker dar (Abb. e)).

Wir haben eine einfache zeichnerische Methode, um die Winkelbeschleunigung des Halbstrahls 1 ohne Coriolisbeschleunigung zu ermitteln (Hauptfigur Abb. e) im Beschleunigungsplan III).

Im ebenen Ersatzgetriebe *e*) (Konchoidenlenker) kann man sich die Bewegung des Halbstrahls 1 bezüglich seiner Winkelwege auch so erzeugt denken (im Gegensatz zu Ersatzgetriebe Abb. d)), daß der Halbstrahl 1 im Punkte M fest am Schieber S ÷ S angelenkt ist, während das andere Ende des Halbstrahls 1 in der um O drehbaren Hülse gleitet.

Die Winkelbeschleunigung des Halbstrahls 1 ist wie folgt:

1) Man ermittelt den Pol P der Stange 1, indem man die Verlängerung KM mit der Senkrechten auf 1 in O zum Schnitt bringt.

2) Durch Halbieren der Strecke OP ist der Krümmungsmittelpunkt N der Bahn gefunden, der sich gerade mit dem Punkt O der Stange infolge Gradführung deckt.

3) Die Komponenten $\mathfrak{b}_{tM}$ und $\mathfrak{b}_{to}$ der Absolutbeschleunigung stehen senkrecht auf der Geraden $\mathfrak{l}$.
   Durch Ziehen der Parallelen O_1 Q zu OM ist die Komponente $\mathfrak{b}_{tM} = \overline{OQ}$ gefunden.
   Durch TK parallel OM erhalten wir die Gleitgeschwindigkeit des Stangendeckpunktes auf der Hülse in O = OT. Durch den Linienzug NRTVX erhalten wir die Komponente $\mathfrak{b}_{to} = \overline{OX}$.
   Daraus wird die Winkelbeschleunigung:

$$\frac{d^2\beta}{dt^2} = \frac{b_{t_M} + b_{t_o}}{OM} = \frac{QO + OX}{OM} = \frac{QX}{OM}$$

Maßstäbe:

Längeneinheit: für ω = const. wird v_K = 80 mm

1 [m] d. Wirkl. $\triangleq$ 1000 mm d.Zchg.

somit: 1 [mm] d. " $\triangleq$ 0,001 m d. " (a)

Geschwindigkeitsheinheit:

$$v_K = 0_1K \cdot \omega = r \cdot \omega = 0{,}08\,[m] \cdot \frac{3 \cdot 14 \cdot 3000}{30};\ \omega = \frac{\pi \cdot n}{30}$$

$$= 0{,}08 \cdot 314 = 25{,}12\,\frac{m}{sec} \triangleq 80 \text{ mm d. Zchg.}$$

somit:

$$1\left[\frac{m}{sec}\right] \triangleq \frac{80}{25{,}12} \triangleq 3{,}182 \text{ mm d.Zchg.} \qquad \text{(b)}$$

$$1 \text{ mm d.Zchg.} = \frac{1}{3{,}182} = 0{,}314\,\frac{m}{sec}$$

Beschleunigungseinheit:

$$1\left[\frac{m}{sec^2}\right] \text{ d.Wirkl.} \triangleq \frac{b^2}{a} = \frac{3{,}182^2}{1000} \cong 0{,}01$$

$$1 \text{ mm Zchg.} \triangleq 100\,\frac{m}{sec^2}$$

Winkelbeschleunigungseinheit:

$$1\left[\frac{1}{sec^2}\right] \text{ d.Wirkl.} \triangleq \frac{b^2}{a^2} = \frac{3{,}182^2}{1000^2} = \frac{1}{100000} = 0{,}00001$$

$$1 \text{ mm d. Zchg.} \cong 100\,000\,\frac{1}{sec^2}$$

Im Beschleunigungsplan III sind die aus der Hauptfigur ermittelten Werte für die Winkelbeschleunigung des Halbstrahls 1 bzw. 2 über dem Hub aufgetragen, ebenso die Tangentialbeschleunigungen des Anlenkpunktes P_T (Kugelkopf).

Als Endziel wollen wir die Kolbengeschwindigkeit bzw. Kolbenbeschleunigung ermitteln.

In unserem Falle haben wir es mit einem erweiterten sphärischen Getriebe zu tun, wobei der Gelenkpunkt K (Abb. d)) ins Unendliche rückt in Richtung der Stange S_1-S_1 infolge der Geradführung nach Abb. f). Beim Ersatzgetriebe f) ist der Schieber S_1-S_1 unser Kolben. Das Gelenk G liegt im Halbstrahl 2 (Kugelkopf). Unter der Bedingung ω = const. gilt für den Schieber S_1-S_1 folgendes Bewegungsgesetz, wobei der Hub h = $2 \cdot R_2 \cdot \sin\delta$ von Hubmitte aus gerechnet ist:

Weg: $$Z = \frac{-R_2 \cdot \sin\delta \cdot \cos\alpha}{\sqrt{1-\sin^2\delta \cdot \sin\alpha^2}} = \frac{-h \cdot \cos\alpha}{2\sqrt{(1-\sin^2\delta \cdot \sin^2\alpha}}$$

Geschwindigkeit:

$$\frac{dz}{dt} = \frac{h}{2} \cdot \omega \cdot \sin\alpha \cdot \frac{\cos^2\delta}{(1-\sin^2\delta \cdot \sin^2\alpha)^{3/2}}$$

Beschleunigung des Kolbens:

$$\frac{d^2z}{dt^2} = \frac{h}{2} \cdot \omega^2 \cdot \cos\alpha \cdot \frac{\cos^2\delta\,(1+2\cdot\sin^2\delta \cdot \sin^2\alpha)}{(1-\sin^2\delta \cdot \sin^2\alpha)^{5/2}}$$

Die ermittelten Werte zeigt die Tabelle im Beschleunigungsplan III.

Die vorgenannte Gleichung für den Weg bzw. Hub läßt erkennen, daß ein vorgeschriebener Hub z.B. in unserem Falle s=h = 160 mm durch unendlich viele Kombinationen von R_2 und δ erreicht werden kann, wobei jedoch insbesondere auf eine optimale Wahl der beiden Faktoren R_2 = Taumelscheibenhalbmesser und δ = Schrägstellwinkel geachtet werden muß, um die Beschleunigungshöchstdrücke und den jeweiligen Verlauf der Beschleunigungskurve nicht zu ungünstig zu erhalten.

Bei etwa $\delta = 25^\circ$ erhalten wir bei gleichem Hub und gleicher Drezahl den kleinsten Höchstwert der Beschleunigung, wobei aber der Verlauf der Kurve mit wachsendem δ immer mehr von der Sinuslinie abweicht, wie Abbildung 5 zeigt. Da aber bei unserm Triebwerk in erster Linie an ein Luftfahrttriebwerk gedacht ist, und somit ein kleiner Stirnwiderstand angestreb ist, muß ein möglichst kleiner Wert für den Taumelscheibendurchmesser angestrebt werden, wobei das δ bei gegebenem Hub wachsen würde.

Andererseits sind wir bei Unterbringung von sieben Zylinderreihen von gegebenem Durchmesser an einen bestimmten Taumelscheibendurchmesser gebunden, und dieser liegt bei unseren Leistungswerten bei 612 mm Durchmesser, so daß wir bei einem Hub von 160 mm auf einen Schrägstellwinkel von 15° kommen, welcher in dieser Größenordnung erforderlich ist, um die achsparallelen Zylinder unterbringen zu können.

Abbildung 6 veranschaulicht den Verlauf der Kolbenbeschleunigung für verschiedene Werte des Anstellwinkels δ .

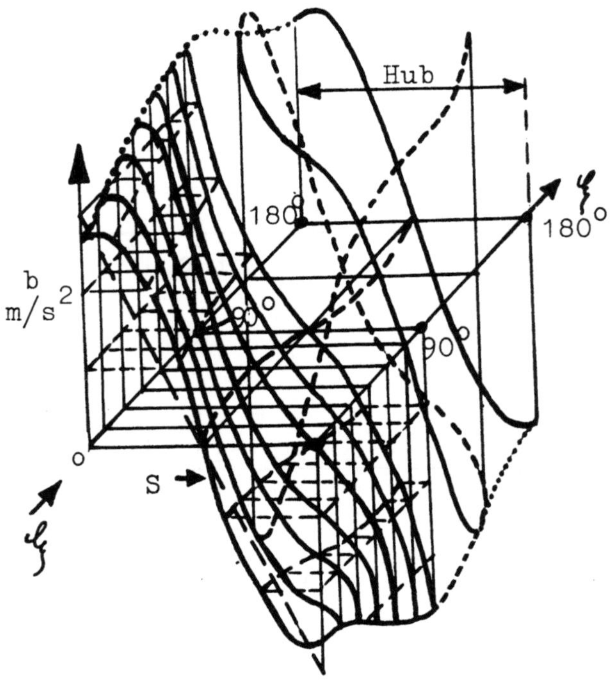

A b b i l d u n g 7
Raumschaubild des Beschleunigungsverlaufes der einzelnen Kolben für verschiedene Winkel

VI. Zusammenfassung der Ergebnisse

Es war die Aufgabe gestellt, ein sphärisches Getriebe zur Übertragung der Gaskräfte eines Verbrennungsmotors mit achsparalleler Zylinderanordnung und gegenläufigen Kolben auf eine zentrisch angeordnete Welle unter Vermeidung des normalen Schubkurbelgetriebes bei optimalen Beschleunigungsverhältnissen der kritischen Systempunkte bei vorgegebenen Konstruktionsdaten eines doppeltwirkenden, gegenläufigen Zweitakt-Hochleistungs-

Diesel-Triebwerks (Hub 160 mm, Zylinderbohrung 140 mm, Drehzahl 3000/min) zu entwickeln.

Die Aufgabenstellung führte zunächst zur Untersuchung eines in einem Systempunkt geradlinig geführten Taumelscheibentriebs, für den die Geschwindigkeiten und Beschleunigungen der in Frage kommenden Systempunkte ermittelt wurden.

Die Untersuchung wurde nach dem Verfahren von MAYOR und von MIESES durchgeführt und zur Kontrolle mit einem ebenen Ersatzsystem verglichen.

Als wichtigste Ergebnisse dieser Untersuchungen ist folgendes festzustellen:

1) Bei dem in einem Systempunkt (B) geradlinig geführten Taumelscheibentrieb sind die Bahnen, Geschwindigkeiten und Beschleunigungen unterschiedlich, und zwar bewegt sich der B-Punkt in der Führungsebene, während der um 90° versetzte Anlenkpunkt den größten achterförmigen Verlauf zeigt. Geschw.Pl. Siehe Beschleunigungspläne I und II, sowie Tabelle der Kolbenbeschleunigungen im Plan II.

2) Die maximalen Kolbenbeschleunigungen (bei Lage des Gelenkpunktes G im Endlichen und K_1 im Unendlichen) liegen in folgender Größenordnung:

a) Für Systempunkt angelenkt in B ($\xi = 0^{\circ}$) 7286 m/s^2
b) " " " " C ($\xi = 90^{\circ}$) 8415 "
c) " " " " P ($\xi = 45^{\circ}$) 7900 "

Diese Unterschiede der Beschleunigung (s. Raumschaubild 7) wirken sich für den Massenausgleich des Triebwerks ungünstig aus. Es wurde daher für die Konstruktion ein Übertragungsgetriebe entwickelt, dessen Taumelscheibenbewegung durch Abrollen zweier Stützkegel erzeugt wird (s. Abb. 7, FB 427), wobei die Bahnen, Geschwindigkeiten und Beschleunigungen gleiche Charakteristik besitzen (harmonische Bewegung).

Dabei sind die errechneten Werte für $\xi = 45^{\circ}$ (maximale Kolbenbeschleunigung 7900 m/s^2) eine brauchbare Annäherung an die effektiven Werte.

Dieser Wert entspricht beim ebenen normalen Schubkurbelgetriebe bei gleichem Hub (160 mm) und gleicher Drehzahl (3000/min) einem Schubstangenverhältnis $\lambda = \frac{r}{\ell} = \frac{1}{3,2}$.

Zusammenfassend ist festzustellen, daß die maximalen Kolbenbeschleunigungen bei dem entwickelten Triebwerk mit einem Schrägstellwinkel von δ = 15° im normalen Bereich der heute üblichen Werte für Kolbenmaschinen liegen.

Bei dieser Triebwerkauslegung ist auch ein vollständiger Massenausgleich möglich. Bei einer Auslegung von $\delta > 25^{\circ}$ werden die Verhältnisse bezüglich des Massenausgleichs ungünstiger.

Das Triebwerk besitzt somit die zu einer erfolgreichen Weiterentwicklung erforderlichen technischen Voraussetzungen.

Dr. Ing. Johann ENDRES
Dozent für Luftfahrttriebwerke an der
Techn. Hochschule München
Dipl.-Ing. Heinz BLASWEILER, München
Sachbearbeiter

VII. Literaturverzeichnis

(1) STEIN, Dr.Ing. — Getriebe mit räumlicher Dreistabbewegung
Taumelscheibengetriebe
VDI 1928 Nr. 14

(2) MÜLLER, Dr.Techn. — Beschleunigungsverhältnisse beim sphärischen Kurbeltrieb und verwandten Mechanismen.
VDI 1928 Nr. 4

(3) FEDERHOFER, K. — Graphische Kinematik und Kinetostatik des starren räumlichen Systems
1929 und 1932

FORSCHUNGSBERICHTE DES WIRTSCHAFTS- UND VERKEHRSMINISTERIUMS NORDRHEIN-WESTFALEN

Herausgegeben von Staatssekretär Prof. Dr. h. c. Leo Brandt

HEFT 1
Prof. Dr.-Ing. E. Flegler, Aachen
Untersuchungen oxydischer Ferromagnet-Werkstoffe
1952, 20 Seiten, DM 6,75

HEFT 2
Prof. Dr. W. Fuchs, Aachen
Untersuchungen über absatzfreie Teeröle
1952, 32 Seiten, 5 Abb., 6 Tabellen, DM 10,—

HEFT 3
Techn.-Wissenschaftl. Büro für die Bastfaserindustrie, Bielefeld
Untersuchungsarbeiten zur Verbesserung des Leinenwebstuhls
1952, 44 Seiten, 7 Abb., 3 Tabellen, DM 12,50

HEFT 4
Prof. Dr. E. A. Müller und Dipl.-Ing. H. Spitzer, Dortmund
Untersuchungen über die Hitzebelastung in Hüttenbetrieben
1952, 28 Seiten, 5 Abb., 1 Tabelle, DM 9,—

HEFT 5
Dipl.-Ing. W. Fister, Aachen
Prüfstand der Turbinenuntersuchungen
1952, 40 Seiten, 30 Abb., 3 Schaltbilder, DM 1,—

HEFT 6
Prof. Dr. W. Fuchs, Aachen
Untersuchungen über die Zusammensetzung und Verwendbarkeit von Schwelteerfraktionen
1952, 36 Seiten, DM 10,50

HEFT 7
Prof. Dr. W. Fuchs, Aachen
Untersuchungen über emsländisches Petrolatum
1952, 36 Seiten, 1 Abb., 17 Tabellen, DM 10,50

HEFT 8
M. E. Meffert und H. Stratmann, Essen
Algen-Großkulturen im Sommer 1951
1953, 52 Seiten, 4 Abb., 20 Tabellen, DM 9,75

HEFT 9
Techn.-Wissenschaftl. Büro für die Bastfaserindustrie, Bielefeld
Untersuchungen über die zweckmäßige Wicklungsart von Leinengarnkreuzspulen unter Berücksichtigung der Anwendung hoher Geschwindigkeiten des Garnes
Vorversuche für Zetteln und Schären von Leinengarnen auf Hochleistungsmaschinen
1952, 48 Seiten, 7 Abb., 7 Tabellen, DM 9,25

HEFT 10
Prof. Dr. W. Vogel, Köln
„Das Streifenpaar" als neues System zur mechanischen Vergrößerung kleiner Verschiebungen und seine technischen Anwendungsmöglichkeiten
1953, 20 Seiten, 6 Abb., DM 4,50

HEFT 11
Laboratorium für Werkzeugmaschinen und Betriebslehre, Technische Hochschule Aachen
1. Untersuchungen über Metallbearbeitung im Fräsvorgang mit Hartmetallwerkzeugen und negativem Spanwinkel
2. Weiterentwicklung des Schleifverfahrens für die Herstellung von Präzisionswerkstücken unter Vermeidung hoher Temperaturen
3. Untersuchung von Oberflächenveredlungsverfahren zur Steigerung der Belastbarkeit hochbeanspruchter Bauteile
1953, 80 Seiten, 61 Abb., DM 15,75

HEFT 12
Elektrowärme-Institut, Langenberg (Rhld.)
Induktive Erwärmung mit Netzfrequenz
1952, 22 Seiten, 6 Abb., DM 5,20

HEFT 13
Techn.-Wissenschaftl. Büro für die Bastfaserindustrie, Bielefeld
Das Naßspinnen von Bastfasergarnen mit chemischen Zusätzen zum Spinnbad
1953, 52 Seiten, 4 Abb., 19 Tabellen, DM 10,—

HEFT 14
Forschungsstelle für Acetylen, Dortmund
Untersuchungen über Aceton als Lösungsmittel für Acetylen
1952, 64 Seiten, 10 Abb., 26 Tabellen, DM 12,25

HEFT 15
Wäschereiforschung Krefeld
Trocknen von Wäschestoffen
1953, 48 Seiten, 14 Abb., 2 Tabellen, DM 9,—

HEFT 16
Max-Planck-Institut für Kohlenforschung, Mülheim a. d. Ruhr
Arbeiten des MPI für Kohlenforschung
1953, 104 Seiten, 9 Abb., DM 17,80

HEFT 17
Ingenieurbüro Herbert Stein, M.-Gladbach
Untersuchung der Verzugsvorgänge in den Streckwerken verschiedener Spinnereimaschinen. 1. Bericht: Vergleichende Prüfung mit verschiedenen Dickenmeßgeräten
1952, 36 Seiten, 15 Abb., DM 8,—

HEFT 18
Wäschereiforschung Krefeld
Grundlagen zur Erfassung der chemischen Schädigung beim Waschen
1953, 68 Seiten, 15 Abb., 15 Tabellen, DM 12,75

HEFT 19
Techn.-Wissenschaftl. Büro für die Bastfaserindustrie, Bielefeld
Die Auswirkung des Schlichtens von Leinengarnketten auf den Verarbeitungswirkungsgrad, sowie die Festigkeit und Dehnungsverhältnisse der Garne und Gewebe
1953, 48 Seiten, 1 Abb., 9 Tabellen, DM 9,—

HEFT 20
Techn.-Wissenschaftl. Büro für die Bastfaserindustrie, Bielefeld
Trocknung von Leinengarnen I
Vorgang und Einwirkung auf die Garnqualität
1953, 62 Seiten, 18 Abb., 5 Tabellen, DM 12,—

HEFT 21
Techn.-Wissenschaftl. Büro für die Bastfaserindustrie, Bielefeld
Trocknung von Leinengarnen II
Spulenanordnung und Luftführung beim Trocknen von Kreuzspulen
1953, 66 Seiten, 22 Abb., 9 Tabellen, DM 13,—

HEFT 22
Techn.-Wissenschaftl. Büro für die Bastfaserindustrie, Bielefeld
Die Reparaturanfälligkeit von Webstühlen
1953, 28 Seiten, 7 Abb., 5 Tabellen, DM 5,80

HEFT 23
Institut für Starkstromtechnik, Aachen
Rechnerische und experimentelle Untersuchungen zur Kenntnis der Metadyne als Umformer von konstanter Spannung auf konstanten Strom
1953, 52 Seiten, 20 Abb., 4 Tafeln, DM 9,75

HEFT 24
Institut für Starkstromtechnik, Aachen
Vergleich verschiedener Generator-Metadyne-Schaltungen in bezug auf statisches Verhalten
1952, 44 Seiten, 23 Abb., DM 8,50

HEFT 25
Gesellschaft für Kohlentechnik mbH., Dortmund-Eving
Struktur der Steinkohlen und Steinkohlen-Kokse
1953, 58 Seiten, DM 11,—

HEFT 26
Techn.-Wissenschaftl. Büro für die Bastfaserindustrie, Bielefeld
Vergleichende Untersuchungen zweier neuzeitlicher Ungleichmäßigkeitsprüfer für Bänder und Garne hinsichtlich ihrer Eignung für die Bastfaserspinnerei
1953, 64 Seiten, 30 Abb., DM 12,50

HEFT 27
Prof. Dr. E. Schratz, Münster
Untersuchungen zur Rentabilität des Arzneipflanzenanbaues Römische Kamille, Anthemis nobilis L.
1953, 16 Seiten, 1 Tabelle, DM 3,60

HEFT 28
Prof. Dr. E. Schratz, Münster
Calendula officinalis L. Studien zur Ernährung, Blütenfüllung und Rentabilität der Drogengewinnung
1953, 24 Seiten, 2 Abb., 3 Tabellen, DM 5,20

HEFT 29
Techn.-Wissenschaftl. Büro für die Bastfaserindustrie, Bielefeld
Die Ausnützung der Leinengarne in Geweben
1953, 100 Seiten, 14 Abb., 10 Tabellen, DM 17,80

HEFT 30
Gesellschaft für Kohlentechnik mbH., Dortmund-Eving
Kombinierte Entaschung und Verschwelung von Steinkohle; Aufarbeitung von Steinkohlenschlämmen zu verkokbarer oder verschwelbarer Kohle
1953, 56 Seiten, 16 Abb., 10 Tabellen, DM 10,50

HEFT 31
Dipl.-Ing. A. Stormanns, Essen
Messung des Leistungsbedarfs von Doppelsteg-Kettenförderern
1954, 54 Seiten, 18 Abb., 3 Anlagen, DM 11,—

HEFT 32
Techn.-Wissenschaftl. Büro für die Bastfaserindustrie, Bielefeld
Der Einfluß der Natriumchloridbleiche auf Qualität und Verwebbarkeit von Leinengarnen und die Eigenschaften der Leinengewebe unter besonderer Berücksichtigung des Einsatzes von Schützen- und Spulenwechselautomaten in der Leinenweberei
1953, 64 Seiten, 2 Abb., 12 Tabellen, DM 11,50

HEFT 33
Kohlenstoffbiologische Forschungsstation e. V.
Eine Methode zur Bestimmung von Schwefeldioxyd und Schwefelwasserstoff in Rauchgasen und in der Atmosphäre
1953, 32 Seiten, 8 Abb., 3 Tabellen, DM 6,50

HEFT 34
Textilforschungsanstalt Krefeld
Quellungs- und Entquellungsvorgänge bei Faserstoffen
1953, 52 Seiten, 13 Abb., 13 Tabellen, DM 9,80

WESTDEUTSCHER VERLAG · KÖLN UND OPLADEN

HEFT 35
Professor Dr. W. Kast, Krefeld
Feinstrukturuntersuchungen an künstlichen Zellulosefasern verschiedener Herstellungsverfahren. Teil I: Der Orientierungszustand
1953, 74 Seiten, 30 Abb., 7 Tabellen, DM 13,80

HEFT 36
Forschungsinstitut der feuerfesten Industrie, Bonn
Untersuchungen über die Trocknung von Rohton
Untersuchungen über die chemische Reinigung von Silika- und Schamotte-Rohstoffen mit chlorhaltigen Gasen
1953, 60 Seiten, 5 Abb., 5 Tabellen, DM 11,—

HEFT 37
Forschungsinstitut der feuerfesten Industrie, Bonn
Untersuchungen über den Einfluß der Probenvorbereitung auf die Kaltdruckfestigkeit feuerfester Steine
1953, 40 Seiten, 2 Abb., 5 Tabellen, DM 7,80

HEFT 38
Forschungsstelle für Acetylen, Dortmund
Untersuchungen über die Trocknung von Acetylen zur Herstellung von Dissousgas
1953, 36 Seiten, 11 Abb., 3 Tabellen, DM 6,80

HEFT 39
Forschungsgesellschaft Blechverarbeitung e. V., Düsseldorf
Untersuchungen an prägegemusterten und vorgelochten Blechen
1953, 46 Seiten, 34 Abb., DM 9,50

HEFT 40
Landesgeologe Dr.-Ing. W. Wolff,
Amt für Bodenforschung, Krefeld
Untersuchungen über die Anwendbarkeit geophysikalischer Verfahren zur Untersuchung von Spateisengängen im Siegerland
1953, 46 Seiten, 8 Abb., DM 8,80

HEFT 41
Techn.-Wissenschaftl. Büro für die Bastfaserindustrie, Bielefeld
Untersuchungsarbeiten zur Verbesserung des Leinenwebstuhles II
1953, 40 Seiten, 4 Abb., 5 Tabellen, DM 7,80

HEFT 42
Professor Dr. B. Helferich, Bonn
Untersuchungen über Wirkstoffe — Fermente — in der Kartoffel und die Möglichkeit ihrer Verwendung
1953, 58 Seiten, 9 Abb., DM 11,—

HEFT 43
Forschungsgesellschaft Blechverarbeitung e. V., Düsseldorf
Forschungsergebnisse über das Beizen von Blechen
1953, 48 Seiten, 38 Abb., 2 Tabellen, DM 11,30

HEFT 44
Arbeitsgemeinschaft für praktische Dehnungsmessung, Düsseldorf
Eigenschaften und Anwendungen von Dehnungsmeßstreifen
1953, 68 Seiten, 43 Abb., 2 Tabellen, DM 13,70

HEFT 45
Losenhausenwerk Düsseldorfer Maschinenbau AG., Düsseldorf
Untersuchungen von störenden Einflüssen auf die Lastgrenzenanzeige von Dauerschwingprüfmaschinen
1953, 36 Seiten, 11 Abb., 3 Tabellen, DM 7,25

HEFT 46
Prof. Dr. W. Fuchs, Aachen
Untersuchungen über die Aufbereitung von Wasser für die Dampferzeugung in Benson-Kesseln
1953, 58 Seiten, 18 Abb., 9 Tabellen, DM 11,20

HEFT 47
Prof. Dr.-Ing. K. Krekeler, Aachen
Versuche über die Anwendung der induktiven Erwärmung zum Sintern von hochschmelzenden Metallen sowie zur Anlegierung und Vergütung von aufgespritzten Metallschichten mit dem Grundwerkstoff
1954, 66 Seiten, 39 Abb., DM 13,90

HEFT 48
Max-Planck-Institut für Eisenforschung, Düsseldorf
Spektrochemische Analyse der Gefügebestandteile in Stählen nach ihrer Isolierung
1953, 38 Seiten, 8 Abb., 5 Tabellen, DM 7,80

HEFT 49
Max-Planck-Institut für Eisenforschung, Düsseldorf
Untersuchungen über Ablauf der Desoxydation und die Bildung von Einschlüssen in Stählen
1953, 52 Seiten, 19 Abb., 3 Tabellen, DM 12,40

HEFT 50
Max-Planck-Institut für Eisenforschung, Düsseldorf
Flammenspektralanalytische Untersuchung der Ferritzusammensetzung in Stählen
1953, 44 Seiten, 15 Abb., 4 Tabellen, DM 8,60

HEFT 51
Verein zur Förderung von Forschungs- und Entwicklungsarbeiten in der Werkzeugindustrie e. V., Remscheid
Untersuchungen an Kreissägeblättern für Holz, Fehler- und Spannungsprüfverfahren
1953, 50 Seiten, 23 Abb., DM 10,—

HEFT 52
Forschungsstelle für Acetylen, Dortmund
Untersuchungen über den Umsatz bei der explosiblen Zersetzung von Azetylen
a) Zersetzung von gasförmigem Azetylen
b) Zersetzung von an Silikagel absorbiertem Azetylen
1954, 48 Seiten, 8 Abb., 10 Tabellen, DM 9,25

HEFT 53
Professor Dr.-Ing. H. Opitz, Aachen
Reibwert und Verschleißmessungen an Kunststoffgleitführungen für Werkzeugmaschinen
1954, 38 Seiten, 18 Abb., DM 8,20

HEFT 54
Professor Dr.-Ing. F. A. F. Schmidt, Aachen
Schaffung von Grundlagen für die Erhöhung der spez. Leistung und Herabsetzung des spez. Brennstoffverbrauches bei Ottomotoren mit Teilbericht über Arbeiten an einem neuen Einspritzverfahren
1954, 34 Seiten, 15 Abb., DM 7,40

HEFT 55
Forschungsgesellschaft Blechverarbeitung e. V., Düsseldorf
Chemisches Glänzen von Messing und Neusilber
1954, 50 Seiten, 21 Abb., 1 Tabelle, DM 10,20

HEFT 56
Forschungsgesellschaft Blechverarbeitung e. V., Düsseldorf
Untersuchungen über einige Probleme der Behandlung von Blechoberflächen
1954, 52 Seiten, 42 Abb., DM 11,20

HEFT 57
Prof. Dr.-Ing. F. A. F. Schmidt, Aachen
Untersuchungen zur Erforschung des Einflusses des chemischen Aufbaues des Kraftstoffes auf sein Verhalten im Motor und in Brennkammern von Gasturbinen
1954, 70 Seiten, 32 Abb., DM 14,60

HEFT 58
Gesellschaft für Kohlentechnik mbH., Dortmund
Herstellung und Untersuchung von Steinkohlenschwelteer
1954, 74 Seiten, 9 Abb., 9 Tabellen, DM 13,75

HEFT 59
Forschungsinstitut der Feuerfest-Industrie e. V., Bonn
Ein Schnellanalysenverfahren zur Bestimmung von Aluminiumoxyd, Eisenoxyd und Titanoxyd in feuerfestem Material mittels organischer Farbreagenzien auf photometrischem Wege
Untersuchungen des Alkali-Gehaltes feuerfester Stoffe mit dem Flammenphotometer nach Riehm-Lange
1954, 62 Seiten, 12 Abb., 3 Tabellen, DM 11,60

HEFT 60
Forschungsgesellschaft Blechverarbeitung e. V., Düsseldorf
Untersuchungen über das Spritzlackieren im elektrostatischen Hochspannungsfeld
1954, 82 Seiten, 53 Abb., 7 Tabellen, DM 17,—

HEFT 61
Verein zur Förderung von Forschungs- und Entwicklungsarbeiten in der Werkzeugindustrie e. V., Remscheid
Schwingungs- und Arbeitsverhalten von Kreissägeblättern für Holz
1954, 54 Seiten, 31 Abb., DM 11,40

HEFT 62
Professor Dr. W. Franz, Institut für theoretische Physik der Universität Münster
Berechnung des elektrischen Durchschlags durch feste und flüssige Isolatoren
1954, 36 Seiten, DM 7,—

HEFT 63
Textilforschungsanstalt Krefeld
Neue Methoden zur Untersuchung der Wirkungsweise von Textilhilfsmitteln
Untersuchungen über Schlichtungs- und Entschlichtungsvorgänge
1954, 34 Seiten, 1 Abb., 5 Tabellen, DM 6,80

HEFT 64
Textilforschungsanstalt Krefeld
Die Kettenlängenverteilung von hochpolymeren Faserstoffen
Über die fraktionierte Fällung von Polyamiden
1954, 44 Seiten, 13 Abb., DM 8,60

HEFT 65
Fachverband Schneidwarenindustrie, Solingen
Untersuchungen über das elektrolytische Polieren von Tafelmesserklingen aus rostfreiem Stahl
1954, 90 Seiten, 38 Abb., 9 Tabellen, DM 17,35

HEFT 66
Dr.-Ing. P. Füsgen VDI †, Düsseldorf
Untersuchungen über das Auftreten des Ratterns bei selbsthemmenden Schneckengetrieben und seine Verhütung
1954, 32 Seiten, 5 Abb., DM 6,60

HEFT 67
Heinrich Wösthoff o. H. G., Apparatebau, Bochum
Entwicklung einer chemisch-physikalischen Apparatur zur Bestimmung kleinster Kohlenoxyd-Konzentrationen
1954, 94 Seiten, 48 Abb., 2 Tabellen, DM 18,25

HEFT 68
Kohlenstoffbiologische Forschungsstation e. V., Essen
Algengroßkulturen im Sommer 1952
II. Über die unsterile Großkultur von Scenedesmus obliquus
1954, 62 Seiten, 3 Abb., 29 Tabellen, DM 11,40

HEFT 69
Wäschereiforschung Krefeld
Bestimmung des Faserabbaues bei Leinen unter besonderer Berücksichtigung der Leinengarnbleiche
1954, 48 Seiten, 15 Abb., 3 Tabellen, DM 9,60

HEFT 70
Wäschereiforschung Krefeld
Trocknen von Wäschestoffen
1954, 52 Seiten, 18 Abb., 3 Tabellen, DM 10,—

HEFT 71
Prof. Dr.-Ing. K. Leist, Aachen
Kleingasturbinen, insbesondere zum Fahrzeugantrieb
1954, 114 Seiten, 85 Abb., DM 22,—

HEFT 72
Prof. Dr.-Ing. K. Leist, Aachen
Beitrag zur Untersuchung von stehenden geraden Turbinengittern mit Hilfe von Druckverteilungsmessungen
1954, 152 Seiten, 111 Abb., DM 36,20

HEFT 73
Prof. Dr.-Ing. K. Leist, Aachen
Spannungsoptische Untersuchungen von Turbinenschaufelfüßen
1954, 66 Seiten, 46 Abb., 2 Tabellen, DM 14,60

HEFT 74
Max-Planck-Institut für Eisenforschung, Düsseldorf
Versuche zur Klärung des Umwandlungsverhaltens eines sonderkarbidbildenden Chromstahls
1954, 58 Seiten, 10 Abb., DM 14,—

HEFT 75
Max-Planck-Institut für Eisenforschung, Düsseldorf
Zeit-Temperatur-Umwandlungs-Schaubilder als Grundlage der Wärmebehandlung der Stähle
1954, 44 Seiten, 13 Abb., DM 8,70

HEFT 76
Max-Planck-Institut für Arbeitsphysiologie, Dortmund
Arbeitstechnische und arbeitsphysiologische Rationalisierung von Mauersteinen
1954, 52 Seiten, 12 Abb., 3 Tabellen, DM 10,20

HEFT 77
Meteor Apparatebau Paul Schmeck GmbH., Siegen
Entwicklung von Leuchtstoffröhren hoher Leistung
1954, 46 Seiten, 12 Abb., 2 Tabellen, DM 9,15

HEFT 78
Forschungsstelle für Acetylen, Dortmund
Über die Zustandsgleichung des gasförmigen Acetylens und das Gleichgewicht Acetylen — Aceton
1954, 42 Seiten, 3 Abb., 8 Tabellen, DM 8,—

HEFT 79
Techn.-Wissenschaftl. Büro für die Bastfaserindustrie, Bielefeld
Trocknung von Leinengarnen III
Spinnspulen- und Spinnkopstrocknung
Vorgang und Einwirkung auf die Garnqualität
1954, 74 Seiten, 18 Abb., 10 Tabellen, DM 14,—

HEFT 80

Techn.-Wissenschaftl. Büro für die Bastfaserindustrie, Bielefeld

Die Verarbeitung von Leinengarn auf Webstühlen mit und ohne Oberbau

1954, 30 Seiten, 2 Abb., 2 Tabellen, DM 6,—

HEFT 81

Prüf- und Forschungsinstitut für Ziegeleierzeugnisse, Essen-Kray

Die Einführung des großformatigen Einheits-Gitterziegels im Lande Nordrhein-Westfalen

1954, 54 Seiten, 2 Abb., 2 Tabellen, DM 10,—

HEFT 82

Vereinigte Aluminium-Werke AG., Bonn

Forschungsarbeiten auf dem Gebiet der Veredelung von Aluminium-Oberflächen

1954, 46 Seiten, 34 Abb., DM 9,60

HEFT 83

Prof. Dr. S. Strugger, Münster

Über die Struktur der Proplastiden

1954, 30 Seiten, 15 Abb., DM 8,40

HEFT 84

Dr. H. Baron, Düsseldorf

Über Standardisierung von Wundtextilien

1954, 32 Seiten, DM 6,40

HEFT 85

Textilforschungsanstalt Krefeld

Physikalische Untersuchungen an Fasern, Fäden, Garnen und Geweben:

Untersuchungen am Knickscheuergerät nach Weltzien

1954, 40 Seiten, 11 Abb., 8 Tabellen, DM 10,—

HEFT 86

Prof. Dr.-Ing. H. Opitz, Aachen

Untersuchungen über das Fräsen von Baustahl sowie über den Einfluß des Gefüges auf die Zerspanbarkeit

1954, 108 Seiten, 73 Abb., 7 Tabellen, DM 22,—

HEFT 87

Gemeinschaftsausschuß Verzinken, Düsseldorf

Untersuchungen über Güte von Verzinkungen

1954, 68 Seiten, 56 Abb., 3 Tabellen, DM 15,30

HEFT 88

Gesellschaft für Kohlentechnik mbH., Dortmund-Eving

Oxydation von Steinkohle mit Salpetersäure

1954, 62 Seiten, 2 Abb., 1 Tabelle, DM 11,50

HEFT 89

Verein Deutscher Ingenieure, Gleitlagerforschung, Düsseldorf und Prof. Dr.-Ing. G. Vogelpohl, Göttingen

Versuche mit Preßstoff-Lagern für Walzwerke

1954, 70 Seiten, 34 Abb., DM 14,10

HEFT 90

Forschungs-Institut der Feuerfest-Industrie, Bonn

Das Verhalten von Silikasteinen im Siemens-Martin-Ofengewölbe

1954, 62 Seiten, 15 Abb., 11 Tabellen, DM 11,90

HEFT 91

Forschungs-Institut der Feuerfest-Industrie, Bonn

Untersuchungen des Zusammenhangs zwischen Leistung und Kohlenverbrauch von Kammeröfen zum Brennen von feuerfesten Materialien

1954, 42 Seiten, 6 Abb., DM 8,30

HEFT 92

Techn.-Wissenschaftl. Büro für die Bastfaserindustrie, Bielefeld und Laboratorium für textile Meßtechnik, M.-Gladbach

Messungen von Vorgängen am Webstuhl

1954, 76 Seiten, 45 Abb., DM 15,50

HEFT 93

Prof. Dr. W. Kast, Krefeld

Spinnversuche zur Strukturerfassung künstlicher Zellulosefasern

1954, 82 Seiten, 39 Abb., 6 Tabellen, DM 16,—

HEFT 94

Prof. Dr. G. Winter, Bonn

Die Heilpflanzen des MATTHIOLUS (1611) gegen Infektionen der Harnwege und Verunreinigung der Wunden bzw. zur Förderung der Wundheilung im Lichte der Antibiotikaforschung

1954, 58 Seiten, 1 Abb., 2 Tabellen, DM 11,50

HEFT 95

Prof. Dr. G. Winter, Bonn

Untersuchungen über die flüchtigen Antibiotika aus der Kapuziner- (Tropaeolum maius) und Gartenkresse (Lepidium sativum) und ihr Verhalten im menschlichen Körper bei Aufnahme von Kapuziner- bzw. Gartenkressensalat per os

1955, 74 Seiten, 9 Abb., 25 Tabellen, DM 14,—

HEFT 96

Dr.-Ing. P. Koch, Dortmund

Austritt von Exoelektronen aus Metalloberflächen unter Berücksichtigung der Verwendung des Effektes für die Materialprüfung

1954, 34 Seiten, 13 Abb., DM 7,—

HEFT 97

Ing. H. Stein, Laboratorium für textile Meßtechnik, M.-Gladbach

Untersuchung der Verzugsvorgänge an den Streckwerken verschiedener Spinnereimaschinen

2. Bericht: Ermittlung der Haft-Gleiteigenschaften von Faserbändern und Vorgarnen

1955, 98 Seiten, 54 Abb., DM 21,—

HEFT 98

Fachverband Gesenkschmieden, Hagen

Die Arbeitsgenauigkeit beim Gesenkschmieden unter Hämmern

1955, 132 Seiten, 55 Abb., 9 Tabellen, DM 24,75

HEFT 99

Prof. Dr.-Ing. G. Garbotz, Aachen

Der Kraft- und Arbeitsaufwand sowie die Leistungen beim Biegen von Bewehrungsstählen in Abhängigkeit von den Abmessungen, den Formen und der Güte der Stähle (Ermittlung von Leistungsrichtlinien)

1955, 136 Seiten, 53 Abb., 3 Anlagen, 18 Tabellen, DM 30,—

HEFT 100

Prof. Dr.-Ing. H. Opitz, Aachen

Untersuchungen von elektrischen Antrieben, Steuerungen und Regelungen an Werkzeugmaschinen

1955, 166 Seiten, 71 Abb., 3 Tabellen, DM 31,30

HEFT 101

Prof. Dr.-Ing. H. Opitz, Aachen

Wirtschaftlichkeitsbetrachtungen beim Außenrundschleifen

1955, 100 Seiten, 56 Abb., 3 Tabellen, DM 19,30

HEFT 102

Dr. P. Hölemann, Ing. R. Hasselmann und Ing. G. Dix, Dortmund

Untersuchungen über die thermische Zündung von explosiblen Acetylenzersetzungen in Kapillaren

1954, 44 Seiten, 5 Abb., 4 Tabellen, DM 8,60

HEFT 103

Prof. Dr. W. Weizel, Bonn

Durchführung von experimentellen Untersuchungen über den zeitlichen Ablauf von Funken in komprimierten Edelgasen sowie zu deren mathematischen Berechnung

1955, 46 Seiten, 12 Abb., DM 9,10

HEFT 104

Prof. Dr. W. Weizel, Bonn

Über den Einfluß der Elektroden auf die Eigenschaften von Cadmium-Sulfid-Widerstands-Photozellen

1955, 48 Seiten, 12 Abb., DM 9,45

HEFT 105

Dr.-Ing. R. Meldau, Harsewinkel/Westf.

Auswertung von Gekörn — Analysen des Musterstaubes „Flugasche Fortuna I"

1955, 42 Seiten, 14 Abb., DM 8,50

HEFT 106

ORR. Dr.-Ing. W. Küch, Dortmund

Untersuchungen über die Einwirkung von feuchtigkeitsgesättigter Luft auf die Festigkeit von Leimverbindungen

1954, 60 Seiten, 10 Abb., 6 Tabellen, DM 11,40

HEFT 107

Prof. Dr. H. Lange und Dipl.-Phys. P. St. Pütter, Köln

Über die Konstruktion von Laboratoriumsmagneten

1955, 66 Seiten, 19 Abb., 1 Tabelle, DM 12,30

HEFT 108

Prof. Dr. W. Fuchs, Aachen

Untersuchungen über neue Beizmethoden und Beizabwässer

I. Die Entzunderung von Drähten mit Natriumhydrid

II. Die Aufbereitung von Beizabwässern

1955, 82 S., 15 Abb., 14 Tabellen, 1 Falttafel, DM 15,25

HEFT 109

Dr. P. Hölemann und Ing. R. Hasselmann, Dortmund

Untersuchungen über die Löslichkeit von Azetylen in verschiedenen organischen Lösungsmitteln

1954, 42 Seiten, 10 Abb., 8 Tabellen, DM 8,30

HEFT 110

Dr. P. Hölemann und Ing. R. Hasselmann, Dortmund

Untersuchungen über den Druckverlauf bei der explosiblen Zersetzung von gasförmigem Azetylen

1955, 54 Seiten, 10 Abb., 5 Tabellen, DM 11,—

HEFT 111

Fachverband Steinzeugindustrie, Köln

Die Entwicklung eines Gerätes zur Beschickung seitlicher Feuer von Steinzeug-Einzelkammeröfen mit festen Brennstoffen

1955, 46 Seiten, 16 Abb., DM 9,40

HEFT 112

Prof. Dr.-Ing. H. Opitz, Aachen

Verschleißmessungen beim Drehen mit aktivierten Hartmetallwerkzeugen

1954, 44 Seiten, 17 Abb., 6 Tabellen, DM 8,80

HEFT 113

Prof. Dr. O. Graf, Dortmund

Erforschung der geistigen Ermüdung und nervösen Belastung: Studien über die vegetative 24-Stunden-Rhythmik in Ruhe und unter Belastung

1955, 40 Seiten, 12 Abb., DM 8,20

HEFT 114

Prof. Dr. O. Graf, Dortmund

Studien über Fließarbeitsprobleme an einer praxisnahen Experimentieranlage

1954, 34 Seiten, 6 Abb., DM 7,—

HEFT 115

Prof. Dr. O. Graf, Dortmund

Studium über Arbeitspausen in Betrieben bei freier und zeitgebundener Arbeit (Fließarbeit) und ihre Auswirkung auf die Leistungsfähigkeit

1955, 50 Seiten, 13 Abb., 2 Tabellen, DM 9,80

HEFT 116

Prof. Dr.-Ing. E. Siebel und Dr.-Ing. H. Weiss, Stuttgart

Untersuchungen an einigen Problemen des Tiefziehens — I. Teil

1955, 74 Seiten, 50 Abb., 5 Tabellen, DM 14,50

HEFT 117

Dr.-Ing. H. Beißwänger, Stuttgart, und Dr.-Ing. S. Schwandt, Trier

Untersuchungen an einigen Problemen des Tiefziehens — II. Teil

1955, 92 Seiten, 34 Abb., 8 Tabellen, DM 17,70

HEFT 118

Prof. Dr. E. A. Müller und Dr. H. G. Wenzel, Dortmund

Neuartige Klima-Anlage zur Erzeugung ungleicher Luft- und Strahlungstemperaturen in einem Versuchsraum

1955, 68 Seiten, 10 z. T. mehrfarb. Abb., DM 14,—

HEFT 119

Dr.-Ing. O. Viertel, Krefeld

Wäscherei- und energietechnische Untersuchung einer Gemeinschafts-Waschanlage

1955, 50 Seiten, 18 Abb., DM 10,20

HEFT 120

Dipl.-Ing. A. Weisbecker, Lüdenscheid

Über Anfressung an Reinstaluminium-Schweißnähten bei der elektrolytischen Oxydation

Gebr. Hörstermann GmbH., Velbert

Entwicklung und Erprobung eines neuartigen Gummibandförderers

1955, 46 Seiten, 18 Abb., DM 9,70

HEFT 121

Dr. H. Krebs, Bonn

I. Die Struktur und die Eigenschaften der Halbmetalle

II. Die Bestimmung der Atomverteilung in amorphen Substanzen

III. Die chemische Bindung in anorganischen Festkörpern und das Entstehen metallischer Eigenschaften

1955, 124 Seiten, 36 Abb., 13 Tabellen, DM 22,90

HEFT 122

Prof. Dr. W. Fuchs, Aachen

Untersuchungen zur Verbesserung der Wasseraufbereitung und Wasseranalyse:

Über die Schnellbewertung von Ionenaustauscher

1955, 62 Seiten, 32 Abb., DM 12,30

HEFT 123

Dipl.-Ing. J. Emondts, Aachen

Über Bodenverformungen bei stark gestörtem und mächtigem, wasserführendem Deckgebirge im Aachener Steinkohlengebiet

1955, 196 Seiten, 37 Abb., 10 Tabellen, DM 28,80

HEFT 124

Prof. Dr. R. Seyffert, Köln

Wege und Kosten der Distribution der Hausratwaren im Lande Nordrhein-Westfalen

1955, 74 Seiten, 25 Tabellen, DM 9,—

HEFT 125
Prof. Dr. E. Kappler, Münster
Eine neue Methode zur Bestimmung von Kondensations-Koeffizienten von Wasser
1955, 46 Seiten, 11 Abb., 1 Tabelle, DM 9,10

HEFT 126
Prof. Dr.-Ing. J. Mathieu, Aachen
Arbeitszeitvergleich
Grundlagen, Methodik und praktische Durchführung
1955, 70 Seiten, DM 13,—

HEFT 127
Güteschutz Betonstein e. V., Arbeitskreis Nordrhein-Westfalen, Dortmund
Die Betonwaren-Gütesicherung im Lande Nordrhein-Westfalen
1955, 58 Seiten, 15 Abb., 3 Tabellen, DM 11,50

HEFT 128
Prof. Dr. O. Schmitz-DuMont, Bonn
Untersuchungen über Reaktionen in flüssigem Ammoniak
1955, 96 Seiten, 11 Abb., 6 Tabellen, DM 17,75

HEFT 129
Prof. Dr.-Ing. J. Mathieu und Dr. C. A. Roos, Aachen
Die Anlernung von Industriearbeitern
I. Ergebnisse einer grundsätzlichen Untersuchung der gegenwärtigen Industriearbeiter-Kurzanlernung
1955, 106 Seiten, DM 19,70

HEFT 130
Prof. Dr.-Ing. J. Mathieu und Dr. C. A. Roos, Aachen
Die Anlernung von Industriearbeitern
II. Beiträge zur Methodenfrage der Kurzanlernung
1955, 108 Seiten, DM 19,90

HEFT 131
Dr. W. Hoerburger, Köln
Versuche zur Biosynthese von Eiweiß aus Kohlenwasserstoff
1955, 34 Seiten, 2 Abb. DM 6,90

HEFT 132
Prof. Dr. W. Seith, Münster
Über Diffusionserscheinungen in festen Metallen
1955, 42 Seiten, 19 Abb., 4 Tabellen, DM 9,10

HEFT 133
Prof. Dr. E. Jenckel, Aachen
Über einen für Schwermetalle selektiven Ionenaustauscher
1955, 48 Seiten, 8 Abb., 13 Tabellen, DM 9,50

HEFT 134
Prof. Dr.-Ing. H. Winterhager, Aachen
Über die elektrochemischen Grundlagen der Schmelzfluß-Elektrolyse von Bleisulfid in geschmolzenen Mischungen mit Bleichlorid
1955, 54 Seiten, 20 Abb., 5 Tabellen, DM 11,80

HEFT 135
Prof. Dr.-Ing. K. Krekeler und Dr.-Ing. H. Peukert, Aachen
Die Änderung der mechanischen Eigenschaften thermoplastischer Kunststoffe durch Warmrecken
1955, 54 Seiten, 27 Abb., DM 11,10

HEFT 136
Dipl.-Phys. P. Pilz, Remscheid
Über spezielle Probleme der Zerkleinerungstechnik von Weichstoffen
1955, 58 Seiten, 19 Abb., 2 Tabellen, DM 11,50

HEFT 137
Prof. Dr. W. Baumeister, Münster
Beiträge zur Mineralstoffernährung der Pflanzen
1955, 64 Seiten, 6 Tabellen, DM 11,80

HEFT 138
Dr. P. Hölemann und Ing. R. Hasselmann, Dortmund
Untersuchungen über die Zersetzungswärme von gasförmigem und in Azeton gelöstem Azetylen
1955, 54 Seiten, 8 Abb., 7 Tabellen, DM 10,40

HEFT 139
Prof. Dr. W. Fuchs, Aachen
Studien über die thermische Zersetzung der Kohle und die Kohlendestillatprodukte
1955, 64 Seiten, 20 Abb., 22 Tabellen, DM 11,80

HEFT 140
Dr.-Ing. G. Hausberg, Essen
Modellversuche an Zyklonen
1955, 78 Seiten, 24 Abb., DM 15,70

HEFT 141
Dr. J. van Calker und Dr. R. Wienecke, Münster
Untersuchungen über den Einfluß dritter Analysenpartner auf die spektrochemische Analyse
1955, 42 Seiten, 15 Abb., DM 9,10

HEFT 142
Dipl.-Ing. G. M. F. Wiebel, Hannover, A. Konermann und A. Ottenheym, Sennelager
Entwicklung eines Kalksandleichtsteines
1955, 38 Seiten, 4 Abb., DM 8,—

HEFT 143
Prof. Dr. F. Wever, Dr. A. Rose und Dipl.-Ing. W. Straßburg, Düsseldorf
Härtbarkeit und Umwandlungsverhalten der Stähle
1955, 50 Seiten, 12 Abb., 3 Tabellen, DM 10,70

HEFT 144
Prof. Dr. H. Wurmbach, Bonn
Steuerung von Wachstum und Formbildung
1955, 48 Seiten, 19 Abb., DM 10,30

HEFT 145
Dr. G. Hennemann, Werdohl (Westf.)
Beitrag zur Interpretation der modernen Atomphysik
1955, 34 Seiten, DM 10,—

HEFT 146
Dr.-Ing. F. Gruß, Düsseldorf
Sterilisation mit Heißluft
1955, 34 Seiten, 10 Abb., DM 7,70

HEFT 147
Dr.-Ing. W. Rudisch, Unna
Untersuchung einer drehelastischen Elektromagnet-Synchronkupplung
1955, 82 Seiten, 65 Abb., DM 17,70

HEFT 148
Prof. Dr. H. Bittel u. Dipl.-Phys. L. Storm, Münster
Untersuchungen über Widerstandsrauschen
1955, 40 Seiten, 5 Abb., DM 8,40

HEFT 149
Dipl.-Ing. K. Konopicky und Dipl.-Chem. P. Kampa, Bonn
I. Beitrag zur flammenphotometrischen Bestimmung des Calciums.
Dr.-Ing. K. Konopicky, Bonn
II. Die Wanderung von Schlackenbestandteilen in feuerfesten Baustoffen
1955, 54 Seiten, 10 Abb., 5 Tabellen, DM 11,—

HEFT 150
Prof. Dr.-Ing. O. Kienzle und Dipl.-Ing. W. Timmerbeil, Hannover
Das Durchziehen enger Kragen an ebenen Fein- und Mittelblechen
1955, 52 Seiten, 20 Abb., 8 Tabellen, DM 11,30

HEFT 151
Dipl.-Ing. P. Karabasch, Aachen
Feststellung des optimalen Gasgehaltes von Bronzen zur Erzielung druckdichter Gußstücke
1956, 64 Seiten, 31 Abb., 5 Tabellen, DM 13,90

HEFT 152
Dipl.-Ing. G. Müller, Köln
Ermittlung der Laufeigenschaften (Vergießbarkeit) von Bronze und Rotguß mittels der Schneider-Gießspirale
1955, 60 Seiten, 33 Abb., DM 13,30

HEFT 153
Prof. Dr. F. Wever, Dr.-Ing. W. A. Fischer und Dipl.-Ing. J. Engelbrecht, Düsseldorf
I. Die Reduktion sauerstoffhaltiger Eisenschmelzen im Hochvakuum mit Wasserstoff und Kohlenstoff
II. Einfluß geringer Sauerstoffgehalte auf das Gefüge und Alterungsverhalten von Reineisen
1955, 54 Seiten, 15 Abb., 2 Tabellen, DM 12,40

HEFT 154
Prof. Dr.-Ing. P. Bardenheuer und Dr.-Ing. W. A. Fischer, Düsseldorf
Die Verschlackung von Titan aus Stahlschmelzen im sauren und basischen Hochfrequenzofen unter verschiedenen Schlacken
1955, 36 Seiten, 10 Abb., 1 Tabelle, DM 7,95

HEFT 155
Dipl.-Phys. K. H. Schirmer, München
Die auf Grau abgestimmte Farbwiedergabe im Dreifarbenbuchdruck
1955, 46 Seiten, 17 Abb., 2 Farbtafeln, DM 10,—

HEFT 156
Prof. Dr.-Ing. B. von Borries und Mitarbeiter, Düsseldorf
Die Entwicklung regelbarer permanentmagnetischer Elektronenlinsen hoher Brechkraft und eines mit ihnen ausgerüsteten Elektronenmikroskopes neuer Bauart
1956, 102 Seiten, 52 Abb., DM 22,55

HEFT 157
Dr. W. Jawtusch, Dr. G. Schuster und Prof. Dr.-Ing. R. Jaeckel, Bonn
Untersuchungen über die Stoßvorgänge zwischen neutralen Atomen und Molekülen
1955, 48 Seiten, 15 Abb., 3 Tabellen, DM 10,50

HEFT 158
Dipl.-Ing. W. Rosenkranz, Meinerzhagen
Ein Beitrag zum Problem der Spannungskorrosion bei Preßprofilen und Preßteilen aus Aluminium-Legierungen
1956, 112 Seiten, 61 Abb., 5 Tabellen, DM 27,40

HEFT 159
Dr.-Ing. O. Viertel und O. Oldenroth, Krefeld
Das Bleichen von Weißwäsche mit Wasserstoffsuperoxyd bzw. Natriumhypochlorit beim maschinellen Waschen
1955, 54 Seiten, 23 Abb., 2 Tabellen, DM 11,45

HEFT 160
Prof. Dr. W. Klemm, Münster
Über neue Sauerstoff- und Fluor-haltige Komplexe
1955, 50 Seiten, 13 Abb., 7 Tabellen, DM 10,80

HEFT 161
Prof. Dr. W. Weltzien und Dr. G. Hauschild, Krefeld
Über Silikone und ihre Anwendung in der Textilveredlung
1955, 162 Seiten, 22 Abb., 10 Tabellen, DM 27,—

HEFT 162
Prof. Dr. F. Wever, Prof. Dr. A. Kochendörfer und Dr.-Ing. Chr. Rohrbach, Düsseldorf
Kennzeichnung der Sprödbruchneigung von Stählen durch Messung der Fließspannung, Reißspannung und Brucheinschnürung an dreiachsig beanspruchten Proben *1955, 58 Seiten, 26 Abb., DM 13,—*

HEFT 163
Dipl.-Ing. W. Rohs und Text.-Ing. H. Griese, Bielefeld
Untersuchungsarbeiten zur Verbesserung des Leinenwebstuhls III
1955, 80 Seiten, 15 Abb., 18 Tabellen, DM 15,80

HEFT 164
Dr.-Ing. H. Schmachtenberg, Köln
Neuartige Prüfeinrichtungen für Kraftfahrzeuge
1955, 44 Seiten, 23 Abb., DM 9,60

HEFT 165
Dr.-Ing. W. Wilhelm, Aachen
Instationäre Gasströmung im Auspuffsystem eines Zweitaktmotors
1955, 62 Seiten, 31 Abb., 8 Tabellen, DM 13,60

HEFT 166
Prof. Dr. M. v. Stackelberg, Dr. H. Heindze, Dr. H. Hübschke und Dr. K. H. Frangen, Bonn
Kolloidchemische Untersuchungen
1955, 106 Seiten, 8 Abb., 13 Tabellen, DM 21,25

HEFT 167
Prof. Dr.-Ing. F. Schuster, Essen
I. Über die Heißkarburierung von Brenngasen mit Ölen und Teeren
II. Die Strahlungsvorgänge in brennstoffbeheizten Öfen bei verschiedenen Verbrennungsatmosphären
1955, 38 Seiten, 8 Abb., DM 8,30

HEFT 168
Prof. Dr.-Ing. F. Schuster, Essen
I. Luftvorwärmung an Gasfeuerungen
II. Heizwerthöhe von Brenngasen und Wirkungsgrad sowie Gasverbrauch bei der Gasverwendung
III. Sauerstoffangereicherte Luft und feuerungstechnische Kenngrößen von Brenngasen
1955, 60 Seiten, 18 Abb., DM 12,50

HEFT 169
Forschungsinstitut für Pigmente und Lacke, Stuttgart
Arbeiten über die Bestimmung des Gebrauchswertes von Lackfilmen durch physikalische Prüfungen
1955, 70 Seiten, 23 Abb., 4 Tabellen, DM 15,—

HEFT 170
Prof. Dr. F. Wever, Dr. A. Rose und Dipl.-Ing L. Rademacher, Düsseldorf
Anwendung der Umwandlungsschaubilder auf Fragen der Werkstoffauswahl beim Schweißen und Flammhärten *1955, 64 Seiten, 25 Abb., DM 13,70*

WESTDEUTSCHER VERLAG · KÖLN UND OPLADEN

HEFT 171
Wäschereiforschung Krefeld
Untersuchung der Wäscheentwässerung mit Hilfe von Zentrifugen und Pressen
1955, 42 Seiten, 16 Abb., 4 Tabellen, DM 9,70

HEFT 172
Dipl.-Ing. W. Rohs, Dr.-Ing. G. Satlow und Text.-Ing. G. Heller, Bielefeld
Trocknung von Hanfgarnen. Kreuzspultrocknung
1955, 60 Seiten, 7 Abb., 4 Tabellen, DM 10,30

HEFT 173
Prof. Dr. R. Hosemann und Dipl.-Phys. G. Schoknecht, Berlin, vorgelegt von Prof. Dr. W. Kast, Krefeld
Lichtoptische Herstellung und Diskussion der Faltungsquadrate parakristalliner Gitter
1956, 108 Seiten, 63 Abb., 6 Tabellen, DM 24,70

HEFT 174
Prof. Dr. W. von Fragstein, Dr. J. Meingast und H. Hoch, Köln
Herstellung von Solen einheitlicher Teilchengröße und Ermittlung ihrer optischen Eigenschaften
1955, 78 Seiten, 80 Abb., 4 Tabellen, DM 18,25

HEFT 175
Dr.-Ing. H. Zeller, Aachen
Beitrag zur eindimensionalen stationären und nichtstationären Gasströmung mit Reibung und Wärmeleitung, insbesondere in Rohren mit unstetigen Querschnittsänderungen.
1956, 138 Seiten, 56 Abb., DM 29,30

HEFT 176
Dipl.-Ing. H. Schöberl, Duisburg
Über die Methoden zur Ermittlung der Verbrennungstemperatur von Brennstoffen und ein Vorschlag zu ihrer Verbesserung
1955, 30 Seiten, 3 Abb., DM 6,50

HEFT 177
Dipl.-Ing. H. Stüdemann, Solingen, und Dr.-Ing. W. Müchler, Essen
Entwicklung eines Verfahrens zur zahlenmäßigen Bestimmung der Schneideigenschaften von Messerklingen
1956, 104 Seiten, 68 Abb., 4 Tabellen, DM 22,20

HEFT 178
Prof. Dr. M. von Stackelberg u. Dr. W. Hans, Bonn
Untersuchungen zur Ausarbeitung und Verbesserung von polarographischen Analysenmethoden
1955, 46 Seiten, 14 Abb., DM 10,50

HEFT 179
Dipl.-Ing. H. F. Reineke, Bochum
Entwicklungsarbeiten auf dem Gebiete der Meß- und Regeltechnik
1955, 46 Seiten, 10 Abb., DM 10,—

HEFT 180
Dr.-Ing. W. Piepenburg, Dipl.-Ing. B. Bühling und Bauing. J. Behnke, Köln
Putzarbeiten im Hochbau und Versuche mit aktiviertem Mörtel und mechanischem Mörtelauftrag
1955, 116 Seiten, 31 Abb., 68 Tabellen, DM 23,—

HEFT 181
Prof. Dr. W. Franz, Münster
Theorie der elektrischen Leitvorgänge in Halbleitern und isolierenden Festkörpern bei hohen elektrischen Feldern
1955, 28 Seiten, 2 Abb., 1 Tabelle, DM 6,20

HEFT 182
Dr.-Ing. P. Schenk u. Dr. K. Osterloh, Düsseldorf
Katalytisch-thermische Spaltung von gasförmigen und flüssigen Kohlenwasserstoffen zur Spitzengaserzeugung
1955, 50 Seiten, 11 Abb., 11 Tabellen, DM 10,90

HEFT 183
Dr. W. Bornheim, Köln
Entwicklungsarbeiten an Flaschen- und Ampullen-Behandlungsmaschinen für die pharmazeutische Industrie
1956, 48 Seiten, 24 Abb., DM 11,70

HEFT 184
Dr.-Ing. E. Printz, Kettwig
Vollhydraulische Parallel-Kupplung für Ackerschlepper
1955, 32 Seiten, 4 Abb., DM 7,80

HEFT 185
Dipl.-Ing. W. Rohs und Text.-Ing. G. Heller, Bielefeld
Studien an einem neuzeitlichen Kreuzspultrockner für Bastfasergarne mit Wiederbefeuchtungszone
1955, 52 Seiten, 9 Abb., 3 Tabellen, DM 10,70

HEFT 186
Dr. E. Wedekind, Krefeld
Untersuchungen zur Arbeitsbestgestaltung bei der Fertigstellung von Oberhemden in gewerblichen Wäschereien *1955, 124 Seiten, 28 Abb., 6 Tabellen, 2 Falttaf., DM 12,—*

HEFT 187
Dipl.-Ing. F. Göttgens, Essen
Über die Eigenarten der Bimetall-, Thermo- und Flammenionisationssicherungsmethode in ihrer Anwendung auf Zündsicherungen
1955, 40 Seiten, 6 Abb., 4 Tabellen, DM 8,40

HEFT 188
W. Kinnebrock, Langenberg (Rhld.)
Der Einfluß des Austausches gleicher Gaskochbrenner bzw. Gaskochbrennerteile auf den Wirkungsgrad und insbesondere auf den CO-Gehalt der Verbrennungsgase
1955, 42 Seiten, 7 Tabellen, DM 8,70

HEFT 189
Fa. E. Leybold's Nachfolger, Köln
I. Ausgewählte Kapitel aus der Vakuumtechnik
II. Zum Verlust anorganisch-nichtflüchtiger Substanzen während der Gefriertrocknung
1955, 52 Seiten, 16 Abb., 3 Tabellen, DM 11,20

HEFT 190
Prof. Dr. A. Neuhaus, Prof. Dr. O. Schmitz-DuMont und Dipl.-Chem. H. Reckhard, Bonn
Zur Kenntnis der Alkalititanate
1955, 60 Seiten, 13 Abb., 1 Tabelle, DM 12,20

HEFT 191
Dr. H. Söhngen, Darmstadt
Schwingungsverhalten eines Schaufelkranzes im Vakuum *1955, 36 Seiten, 7 Abb., DM 7,80*

HEFT 192
Dipl.-Phys. E. M. Schneider, München
Kohlebogenlampen für Aufnahme und Kopie
1955, 48 Seiten, 21 Abb., 3 Tabellen, DM 10,60

HEFT 193
Prof. Dr. O. Schmitz-DuMont, Bonn
Untersuchungen über neue Pigmentfarbstoffe
1956, 50 Seiten, 16 Abb., 8 Tabellen, DM 11,20

HEFT 194
Dr. K. Hecht, Köln
Entwicklung neuartiger physikalischer Unterrichtsgeräte *1955, 42 Seiten, 16 Abb., DM 9,90*

HEFT 195
Dr.-Ing. E. Rößger, Köln
Gedanken über einen neuen deutschen Luftverkehr
1955, 342 Seiten, 29 Abb., 122 Tabellen, DM 50,—

HEFT 196
Dipl.-Ing. W. Rohs und Text.-Ing. H. Griese, Bielefeld
Auswirkungen von Garnfehlern bei der Verarbeitung von Leinengarnen
1955, 36 Seiten, 3 Abb., 6 Tabellen, DM 7,80

HEFT 197
Dr. E. Wedekind, Krefeld
Untersuchungen zur Bestimmung der optimalen Arbeitsplatzgröße bei Mehrstuhlarbeit in der Weberei
1955, 92 Seiten, 34 Abb., DM 18,50

HEFT 198
Prof. Dr. J. Weissinger, Karlsruhe
Zur Aerodynamik des Ringflügels. Die Druckverteilung dünner, fast drehsymmetrischer Flügel in Unterschallströmung *1955, 42 Seiten, 5 Abb., DM 9,—*

HEFT 199
Textilforschungsanstalt Krefeld
Die Messung von Gewebetemperaturen mittels Temperaturstrahlung
1955, 50 Seiten, 12 Abb., DM 10,90

HEFT 200
R. Seipenbusch, Langenberg (Rhld.)
Spitzengas durch Zusatz von Flüssiggas-Wassergas- und Flüssiggas-Generatorgas-Gemischen zu Stadtgas
1955, 48 Seiten, 21 Tabellen, DM 10,35

HEFT 201
Dr.-Ing. E. W. Pleines, Frankfurt/Main
Die Sicherheit im Luftverkehr
1956, 194 Seiten, 39 Abb., 19 Tabellen, DM 39,50

HEFT 202
Dipl.-Ing. D. Fiecke, Stuttgart/Zuffenhausen
Die Bestimmung der Flugzeugpolaren für Entwurfszwecke. I Teil: Unterlagen
1956, 216 Seiten, 171 Diagr., DM 59,70

HEFT 203
Dr. G. Wandel, Bonn
Uferbewachsung und Lebendverbauung an den Nordwestdeutschen Kanälen und ihren Zuflüssen sowie an der Ruhr *1956, 122 Seiten, 88 Abb., DM 25,70*

HEFT 204
Dipl.-Ing. B. Naendorf, Langenberg (Rhld.)
Bestimmung der Brenneigenschaften und des Brennverhaltens verschiedener Gasarten und Einfluß verschiedener Düsengestaltung
1955, 32 Seiten, DM 7,10

HEFT 205
Dr. C. Schaarwächter, Düsseldorf
Über plastische Kupfer-Eisen-Phosphor-Legierungen
1936, 36 Seiten, 10 Abb., 10 Tabellen, DM 8,30

HEFT 206
Dr. P. Hölemann, Ing. R. Hasselmann und Ing. G. Dix, Dortmund
Untersuchungen über die Vorgänge bei der Zersetzung von in Azeton gelöstem Azetylen
1956, 74 Seiten, 7 Abb., 7 Tabellen, DM 15,55

HEFT 207
Prof. Dr.-Ing. H. Opitz, Dipl.-Ing. K. H. Fröhlich und Dipl.-Ing. H. Siebel, Aachen
Richtwerte für das Fräsen von unlegierten und legierten Baustählen mit Hartmetall. I. Teil
1956, 48 Seiten, 27 Abb., 3 Tabellen, DM 11,10

HEFT 208
Prof. Dr.-Ing. H. Müller, Essen
Untersuchung von Elektrowärmegeräten für Laienbedienung hinsichtlich Sicherheit und Gebrauchsfähigkeit. I. Untersuchungen an Kochplatten
1956, 100 Seiten, 76 Abb., 7 Tabellen, DM 22,70

HEFT 209
Dr. K. Bunge, Leverkusen
Materialabbau in Funkenentladungen. Untersuchungen an Zinkkathoden
1956, 54 Seiten, 10 Abb., 5 Tabellen, DM 11,40

HEFT 210
Dr. W. Porschen und Prof. Dr. W. Riezler, Bonn
Langlebige Alphaaktivitäten bei natürlichen Elementen
1955, 40 Seiten, 5 Abb., 4 Tabellen, DM 8,80

HEFT 211
Prof. Dipl.-Ing. W. Sturtzel und Dr.-Ing. W. Graff, Duisburg
Die Versuchsanstalt für Binnenschiffbau, Duisburg
1956, 48 Seiten, 22 Abb., 11,—

HEFT 212
Dipl.-Ing. H. Spodig, Selm
Untersuchung zur Anwendung der Dauermagnete in der Technik *1955, 44 Seiten, 25 Abb., DM 9,80*

HEFT 213
Dipl.-Ing. K. F. Rittinghaus, Aachen
Zusammenstellung eines Meßwagens für Bau- und Raumakustik
1957, 96 Seiten 17 Abb., 7 Tabellen DM 19,80

HEFT 214
Dr.-Ing. J. Endres, München
Berechnung der optimalen Leistungen, Kraftstoffverbräuche und Wirkungsgrade von Einkreis-Turbolader-Strahltriebwerken am Boden und in der Höhe bei Fluggeschwindigkeiten von 0—2000 km/h
1956, 72 Seiten, 18 Abb., 8 Tabellen, DM 15,40

HEFT 215
Prof. Dr.-Ing. H. Opitz und Dr.-Ing. G. Weber, Aachen
Einfluß der Wärmebehandlung von Baustählen auf Spanentstehung, Schnittkraft- und Standzeitverhalten
1956, 80 Seiten, 30 Abb., 10 Tabellen, DM 18,40

HEFT 216
Dr. E. Kloth, Köln
Untersuchungen über die Ausbreitung kurzer Schallimpulse bei der Materialprüfung mit Ultraschall
1956, 90 Seiten, 60 Abb., 4 Tabellen, DM 19,40

HEFT 217
Rationalisierungskuratorium der Deutschen Wirtschaft (RKW), Frankfurt/Main
Typenvielzahl bei Haushaltgeräten und Möglichkeiten einer Beschränkung
1956, 328 Seiten, 2 Abb., 181 Tabellen, DM 49,50

HEFT 218
Dr. F. Keune, Aachen
Bericht über eine Theorie der Strömung um Rotationskörper ohne Anstellung bei Machzahl Eins
1955, 40 Seiten, 8 Abb., 5 Formelblätter, DM 8,80

WESTDEUTSCHER VERLAG · KÖLN UND OPLADEN

HEFT 219
Prof. Dr. W. Fuchs, Aachen
Untersuchungen zur Holzabfallverwertung und zur Chemie des Lignins
1955, 54 Seiten, 11 Abb., 15 Tabellen DM 11,40

HEFT 220
Prof. Dr. W. Fuchs, Aachen
Die Entwicklung neuer Regel- und Kontroll-Apparate zur coulometrischen Analyse
1956, 76 Seiten, 17 Abb. 23 Tabellen, DM 15,50

HEFT 221
Dr. W. Meyer-Eppler, Bonn
Experimentelle Untersuchungen zum Mechanismus von Stimme und Gehör in der lautsprachlichen Kommunikation *1955, 56 Seiten, 24 Abb., DM 13,45*

HEFT 222
Dr. L. Köllner, Münster, und Dipl.-Volkswirt M. Kaiser, Bochum
Die internationale Wettbewerbsfähigkeit der westdeutschen Wollindustrie *1956, 214 Seiten, DM 39,50*

HEFT 223
Dr.-Ing. K. Alberti und Dr. F. Schwarz, Köln
Über das Problem Hartbrand-Weichbrand
1956, 54 Seiten, 25 Abb., 14 Tabellen, DM 12,10

HEFT 224
Dipl.-Ing. H. Stüdemann und Ing. R. Beu, Solingen
Verfahren zur Prüfung der Korrosionsbeständigkeit von Messerklingen aus rostfreiem Stahl
1956, 82 Seiten, 28 Abb., DM 16,90

HEFT 225
Dr.-Ing. E. Barz, Remscheid
Der Spannungszustand von Gattersägeblättern
1956, 74 Seiten, 54 Abb., DM 16,50

HEFT 226
Technisch-wissenschaftliches Büro für die Bastfaserindustrie, Bielefeld
Untersuchungen zur Verbesserung des Leinenwebstuhles IV
Die Wirkung verschiedener Kettbaumbremsen auf die Verwebung von Leinengarnen
1956, 64 Seiten, 9 Abb., 4 Tabellen, DM 13,50

HEFT 227
Prof. Dr. F. Wever, Düsseldorf und Dr. W. Wepner, Köln
Untersuchung der Alterungsneigung von weichen unlegierten Stählen durch Härteprüfung bei Temperaturen bis 300 Grad C
1956, 34 Seiten, 20 Abb., 3 Tabellen, DM 7,95

HEFT 228
Prof. Dr. F. Wever, Dr. W. Koch, Düsseldorf, und Dr. B. A. Steinkopf, Dortmund
Spektrochemische Grundlagen der Analyse von Gemischen aus Kohlenmonoxyd, Wasserstoff und Stickstoff *1956, 42 Seiten, 18 Abb., 1 Tabelle, DM 9,90*

HEFT 229
Prof. Dr. F. Wever, Dr. W. Koch und Dr.-Ing. H. Malissa, Düsseldorf
Über die Anwendung disubstituierter Dithiocarbamate der analytischen Chemie
1956, 44 Seiten, 30 Abb., 5 Tabellen, DM 10,50

HEFT 230
Prof. Dr. F. Wever, Düsseldorf, und Dr. W. Wepner, Köln
Bestimmung kleiner Kohlenstoffgehalte im Alpha-Eisen durch Dämpfungsmessung
1956, 34 Seiten, 5 Abb., 2 Tabellen, DM 7,70

HEFT 231
Dr.-Ing. W. Küch, Dortmund
Über die Wechselwirkung zwischen Holzschutzbehandlung und Verleimung
1956, 48 Seiten, 10 Abb., 8 Tabellen, DM 10,40

HEFT 232
Prof. Dr.-Ing. O. Kienzle, Hannover, und Dr.-Ing. H. Münnich, Schweinfurt
Feststellung der Spannungen und Dehnungen und Bruchdrehzahlen der unter Fliehkraft und Bearbeitungskraft beanspruchten Schleifkörper
in Vorbereitung

HEFT 233
Dr. H. Haase, Hamburg
Infrarot-Bibliographie *1956, 90 Seiten, DM 17,80*

HEFT 234
Dr.-Ing. K. G. Speith und Dr.-Ing. A. Bungeroth, Duisburg
Versuche zur Steigerung des Kokillen-Schluckvermögens beim Stranggießen von Stahl
1956, 26 Seiten, 5 Abb., DM 6,15

HEFT 235
Prof. Dr.-Ing. K. Leist und Dipl.-Ing. W. Dettmering, Aachen
Turbinenschaufeln aus Kunststoff für Kaltluftversuchsanlagen
1956, 46 Seiten, 43 Abb., 3 Tabellen, DM 12,30

HEFT 236
Dr.-Ing. O. Viertel und S. Lucas, Krefeld
Ergebnisse einer Hausfrauenbefragung über Wascheinrichtungen und Waschmethoden in städtischen Haushaltungen
1956, 34 Seiten, 4 Abb., DM 7,60

HEFT 237
Dr. P. Endler und Dr. H. Ludes, Köln
Bericht über eine Studienreise zur Orientierung der heutigen Behandlung der Lungentuberkulose in den Vereinigten Staaten von Nordamerika
1956, 32 Seiten, DM 7,10

HEFT 238
Institut für textile Meßtechnik, M.-Gladbach, e. V.
Untersuchungen der Verzugsvorgänge an den Streckwerken verschiedener Spinnereimaschinen. 3. Bericht: Theoretische Betrachtungen über den Einfluß schlagender Zylinder und Druckrollen
1956, 66 Seiten, 21 Abb., DM 14,10

HEFT 239
Prof. Dr.-Ing. K. Leist, Dipl.-Ing. H. Scheele, Aachen, und Dipl.-Ing. F. H. Flottmann, Herne
Versuche an einem neuartigen luftgekühlten Hochleistungs-Kolbenkompressor
1956, 72 Seiten, 19 Abb., 7 Tabellen, DM 14,40

HEFT 240
Prof. Dr.-Ing. K. Leist und Dipl.-Ing. H. Scheele, Aachen
Temperaturmessungen an einem einstufigen luftgekühlten 4-Zylinder-Kolbenkompressor mit Kühlgebläse *1956, 74 Seiten, 36 Abb., DM 14,80*

HEFT 241
Prof. Dr.-Ing. K. Leist und Dipl.-Ing. M. Pötke, Aachen
Leistungsversuche an einem Kühlluftgebläse
1956, 60 Seiten, 13 Abb., DM 11,70

HEFT 242
Prof. Dr.-Ing. K. Leist und Dipl.-Ing. K. Graf, Aachen
Straßenfahrzeuge mit Gasturbinenantrieb
1956, 82 Seiten, 63 Abb., DM 17,20

HEFT 243
Prof. Dr.-Ing. K. Leist und Dipl.-Ing. S. Förster, Aachen
Die französische Kleingasturbine Artouste — 1. Teil
1956, 80 Seiten, 41 Abb., DM 15,85

HEFT 244
Prof. Dr. F. Wever, Dr. W. Koch und Dr. S. Eckhard, Düsseldorf
Erfahrungen mit der spektrochemischen Analyse von Gefügebestandteilen des Stahles
1956, 32 Seiten, 8 Abb., 2 Tabellen, DM 7,80

HEFT 245
Prof. Dr.-Ing. habil. K. Krekeler, Aachen
Das Verbinden von Metallen durch Kunstharzkleber. Teil I: Eigenschaften und Verwendung der Metallklebstoffe *1956, 48 Seiten, 8 Abb., DM 10,25*

HEFT 246
Prof. Dr.-Ing. habil. K. Krekeler, Aachen
Das Verbinden von Metallen durch Kunstharzkleber. Teil II: Untersuchungen an geklebten Leichtmetall-Verbindungen *1956, 80 Seiten, 40 Abb., DM 17,50*

HEFT 247
Dr. H. Söhngen, Darmstadt
Strömung vor einem Überschall-Laufrad
1956, 26 Seiten, 4 Abb., DM 7,60

HEFT 248
Rheinische Aktiengesellschaft für Braunkohlenbergbau und Brikettfabrikation, Köln
Untersuchung der Bindemitteleigenschaften von Braunkohlenfilteraschen
1956, 176 Seiten, 26 Abb., 30 Tabellen, DM 35,60

HEFT 249
Dr. M.-E. Meffert, Essen
Weitere Kulturversuche Scenedesmus obliquus
1956, 36 Seiten, 5 Abb., 10 Tabellen, DM 8,—

HEFT 250
Dr. F. Schwarz und Dr.-Ing. K. Alberti, Köln
Entwicklung von Untersuchungsverfahren zur Gütebeurteilung von Industriekalken
1956, 36 Seiten, 9 Abb., DM 16,50

HEFT 251
Prof. Dr. H. Bittel, Münster
Zur Statistik der ferromagnetischen Elementarvorgänge und ihren Einfluß auf das Barkhausenrauschen
1956, 52 Seiten, 14 Abb., DM 11,65

HEFT 252
Dipl.-Ing. H. Frings, Geilenkirchen
Die Wirkung abfallender Wetterführung auf Wettertemperatur, Grubengasgehalt und Staubbildung
1957, 126 Seiten, 23 Abb., 13 Falttafeln, 38 Tab., DM 35,70

HEFT 253
Dipl.-Ing. S. Schirmanski, Berghausen
Stand und Auswertung der Forschungsarbeiten über Temperatur- und Feuchtigkeitsgrenzen bei der bergmännischen Arbeit
1957, 80 Seiten, 24 Abb., 12 Tab., DM 17,10

HEFT 254
Prof. Dr. R. Danneel, Bonn
Quantitative Untersuchungen über die Entwicklung des Ehrlich-Ascitestumors bei Inzuchtmäusen
1956, 52 Seiten, 17 Tabellen, DM 11,75

HEFT 255
Ing. B. v. Schlippe, Bad Nauheim
Strömung von Flüssigkeiten mit temperaturabhängiger Zähigkeit (Kühlung von Öfen)
1956, 54 Seiten, 12 Abb., 4 Tabellen, DM 11,70

HEFT 256
Prof. Dr. C. Schmieden und Dipl.-Math. K. H. Müller, Darmstadt
Die Strömung einer Quellstrecke im Halbraum — eine strenge Lösung der Navier-Stokes-Gleichungen
1956, 40 Seiten, 9 Abb., DM 8,80

HEFT 257
Prof. Dr. G. Lehmann und Dr. J. Tamm, Dortmund
Die Beeinflussung vegetativer Funktionen des Menschen durch Geräusche
1956, 48 Seiten, 25 Abb., 3 Tabellen, DM 11,20

HEFT 258
Dr. H. Paul, Linz (Rhein), und Prof. Dr. O. Graf, Dortmund
Zur Frage der Unfälle im Bergbau
1956, 52 Seiten, 9 Abb., 22 Tabellen, DM 11,20

HEFT 259
Prof. D. W. Linke, Aachen
Strömungsvorgänge in künstlich belüfteten Räumen
1956, 52 Seiten, 37 Abb., 1 Tabelle, DM 11,80

HEFT 260
Prof. Dr. W. Kast, Freiburg (Br.), Prof. Dr. A. H. Stuart und Dipl.-Phys. H. G. Fendler, Hannover
Lichtzerstreuungsmessungen an Lösungen hochpolymerer Stoffe
1956, 70 Seiten, 25 Abb., 5 Tabellen, DM 15,60

HEFT 261
Prof. Dr. W. Kast, Freiburg (Br.)
Feinstruktur-Untersuchungen an künstlichen Zellulosefasern verschiedener Herstellungsverfahren.
Teil II: Der Kristallisationszustand
1956, 80 Seiten, 27 Abb., 11 Tabellen, DM 17,20

HEFT 262
Dr.-Ing. W. Batel, Aachen
Untersuchungen zur Absiebung feuchter, feinkörniger Haufwerke und Schwingsieben
1956, 100 Seiten, 45 Abb., 5 Tabellen, DM 23,40

HEFT 263
Prof. Dr. H. Lange und Dipl.-Phys. R. Kohlhaas, Köln
Über die Wärmeleitfähigkeit von Stählen bei hohen Temperaturen: Teil I: Literaturbericht
1956, 48 Seiten, 26 Abb., 8 Tabellen, DM 10,70

HEFT 264
Prof. Dr. W. Weizel, Bonn
Durch schnelle Funkenzusammenbrüche ausgelöste Signale auf einer Leitung
1956, 26 Seiten, 4 Abb., 3 Tabellen, DM 6,10

HEFT 265
Prof. Dr. F. Micheel und Dr. R. Engel, Münster
Eine Apparatur zur elektrophoretischen Trennung von Stoffgemischen
1956, 38 Seiten, 21 Abb., DM 9,20

HEFT 266
Fliesen-Beratungsstelle Bad Godesberg-Mehlem
Güteeigenschaften keramischer Wand- und Bodenfliesen und deren Prüfmethoden
1956, 32 Seiten, DM 7,10

HEFT 267
Prof. Dr. W. Weizel und B. Brandt, Bonn
Zur Stabilität stromstarker Glimmentladungen
1956, 36 Seiten, 7 Abb., DM 8,40

HEFT 268
Prof. Dr.-Ing. G. Vogelpohl, Göttingen
Über die Tragfähigkeit von Gleitlagern und ihre Berechnung
1956, 76 Seiten, 24 Abb., 7 Tabellen, DM 16,85

HEFT 269
Markscheider R. Bals, Bochum
Eignung des Gebirgsankerausbaus zur Erleichterung des Streckenvortriebs im Steinkohlenbergbau
1956, 84 Seiten, 41 Abb., DM 18,75

HEFT 270
Dr. H. Krebs und Mitarbeiter, Bonn
Die Trennung von Racematen auf chromatographischem Wege
1956, 62 Seiten, 18 Tabellen, DM 12,95

HEFT 271
Prof. Dr.-Ing. H. Opitz und Dipl.-Ing. H. Axer, Aachen
Beeinflussung des Verschleißverhaltens bei spanenden Werkzeugen durch flüssige und gasförmige Kühlmittel und elektrische Maßnahmen
1956, 46 Seiten, 28 Abb., DM 10,70

HEFT 272
Prof. Dr. W. Fuchs und Dr. H. Dresia, Aachen
Untersuchungen über die Schnellverbrennung und Schnellvergasung fester Brennstoffe
1956, 56 Seiten, 14 Abb., 3 Tabellen, DM 11,90

HEFT 273
Fa. K. W. Tacke G.m.b.H., Wuppertal-Barmen
Erfahrungen beim Verspinnen von Perlonfasern und bei der Herstellung von Trikotagen aus gesponnenem Perlon
1956, 36 Seiten, DM 7,90

HEFT 274
Prof. Dr.-Ing. K. Krekeler, Aachen
Qualitative Untersuchungen bei Verbindungsschweißungen mittels Lichtbogenschweißautomaten unter Verwendung von Blankdraht und Zugabe von ferromagnetischem Pulver als Umhüllung
1956, 68 Seiten, 40 Abb., 8 Tabellen, DM 15,45

HEFT 275
Prof. Dr.-Ing. habil. K. Krekeler, Aachen, und Dipl.-Ing. H. Verhoeven, Aachen
Quantitative Untersuchungen von Punktschweißverbindungen an Tiefzieh- und Aluminiumblechen, die nach dem Argonarc-Punktschweißverfahren hergestellt werden
1956, 64 Seiten, 45 Abb., DM 14,60

HEFT 276
Fa. E. Haage, Mülheim (Ruhr)
Entwicklungsarbeiten im Apparatebau für Laboratorien
1956, 48 Seiten, 18 Abb., DM 10,50

HEFT 277
Dr.-Ing. W. Müchler, Essen
Untersuchung und zahlenmäßige Bestimmung der Schneideigenschaften von Messern mit besonderer Berücksichtigung rostfreier Messerstähle
1956, 60 Seiten, 27 Abb., 5 Tabellen, DM 13,20

HEFT 278
Dipl.-Ing. J. Stelter und Dipl.-Ing. H. Kickert, Aachen
I. Sichtbarmachung von Ultraschallfeldern unter Verwendung photographischer Emulsionsschichten
II. Methode zur Bestimmung der wirklichen Temperaturverhältnisse in Flüssigkeiten während der Beschallung (Nach einer Diplom-Arbeit von H. Schnitzler)
1956, 54 Seiten, 24 Abb., DM 12,75

HEFT 279
Dr. F. Keune, Aachen
Der gewölbte und verwundene Tragflügel ohne Dicke in Schallnähe
1956, 42 Seiten, 15 Abb., DM 9,25

HEFT 280
Dipl.-Ing. J. Stelter und Dipl.-Ing. E. Pfende, Aachen
Über Störerscheinungen bei Schallgeschwindigkeitsmessungen mittels der Interferometermethode
1956, 42 Seiten, 13 Abb., DM 9,60

HEFT 281
Prof. Dr.-Ing. K. Lürenbaum, Aachen
Der Meßwagen des Instituts für Maschinen-Dynamik der Deutschen Versuchsanstalt für Luftfahrt, Aachen
1956, 34 Seiten, 17 Abb., DM 8,60

HEFT 282
Bergrat a. D. Scherer, Bochum
Das B. T.-Schwelverfahren und seine Anwendung auf der Anlage Marienau
1956, 44 Seiten, 7 Abb., DM 9,60

HEFT 283
Prof. Dr. F. Wever und Dr.-Ing. W. Lueg, Düsseldorf
Warmstauchversuche zur Ermittlung der Formänderungsfestigkeit von Gesenkschmiede-Stählen
1956, 44 Seiten, 19 Abb., DM 9,90

Heft 284
Prof. Dr. F. Wever, Düsseldorf, Dr.-Ing. H. J. Wiester, Essen, Dr.-Ing. F. W. Straßburg, Duisburg, Prof. Dr.-Ing. H. Opitz, Aachen, und Dr.-Ing. K. H. Fröhlich, Köln
Einfluß des Gefüges auf die Zerspanbarkeit von Einsatz- und Vergütungsstählen
1957, 88 Seiten, 126 Abb., 11 Tab., DM 22,45

HEFT 285
Prof. Dr.-Ing. O. Kienzle, Dr.-Ing. K. Lange, Hannover, und Dipl.-Ing. H. Meinert, Osterode
Einfluß der Oberfläche auf das Verschleißverhalten von Schmiedegesenken
1956, 62 Seiten, 29 Abb., 8 Tabellen, DM 14,60

HEFT 286
Dr.-Ing. K. Lange, Hannover, Dipl.-Ing. H. Meinert, Osterode, unter Mitarbeit von Dr.-Ing. H. Arend, Mülheim (Ruhr)
Verschleißverhalten hartverchromter Schmiedegesenke
1956, 74 Seiten, 53 Abb., 6 Tabellen, DM 17,65

HEFT 287
Prof. Dr.-Ing. habil. K. Krekeler, Aachen
Änderungen der mechanischen Eigenschaftswerte thermoplastischer Kunststoffe bei Beanspruchung in verschiedenen Medien
1956, 62 Seiten, 23 Abb., 5 Tabellen, DM 13,70

HEFT 288
Dr. K. Brücker-Steinkuhl, Düsseldorf
Anwendung mathematisch-statischer Verfahren in der Industrie
1956, 103 Seiten, 27 Abb., 14 Tabellen, DM 24,20

HEFT 289
Prof. Dr.-Ing. H. Winterhager, Aachen
Kombinierter Widerstands- und Lichtbogen-Vakuumofen zur Verarbeitung von Titanschwamm
Prof. Dr. Dr. h. c. R. Schwarz, Aachen
Erforschung neuer Wege zur Darstellung von Titanmetall
1957, 42 Seiten, 18 Abb., DM 9,70

HEFT 290
Dr. D. Horstmann, Düsseldorf
I. Der verstärkte Angriff des Zinks auf Eisen im Temperaturgebiet um 500° C
II. Einfluß eines Antimongehaltes auf den Angriff von Zinkschmelzen auf Eisen
1956, 48 Seiten, 33 Abb., 3 Tabellen, DM 11,90

HEFT 291
Dr.-Ing. H. J. Wiester und Dr. D. Horstmann, Düsseldorf
Der Angriff eisengesättigter Zinkschmelzen auf silizium- und manganhaltiges Eisen
1956, 52 Seiten, 45 Abb., 8 Tabellen, DM 12,60

HEFT 292
Dipl.-Ing. W. Rohs und Text.-Ing. H. Griese, Bielefeld
Webversuche an Leinenwebstühlen mit verbesserter Schaftbewegung
1956, 34 Seiten, 3 Abb., 2 Tabellen, DM 7,60

HEFT 293
Prof. J. W. Korte, unter Mitarbeit von Dipl.-Ing. P. A. Mäcke und Dipl.-Ing. W. Leutzbach, Aachen
Die Leistungsfähigkeit von Verkehrsanlagen des motorisierten städtischen Straßenverkehrs
1956, 98 Seiten, 35 Abb., 5 Tabellen, 1 Falttafel, DM 22,50

HEFT 294
Dipl.-Ing. B. Naendorf, Essen
Untersuchungen industrieller Gasbrenner
1956, 58 Seiten, 6 Abb., 3 Tabellen, DM 12,40

HEFT 295
Prof. Dr.-Ing. H. Opitz und Dipl.-Ing. H. Axer, Aachen
Untersuchung und Weiterentwicklung neuartiger elektrischer Bearbeitungsverfahren
1956, 42 Seiten, 27 Abb., DM 10,30

HEFT 296
Prof. Dr.-Ing. H. Opitz, Aachen
I. Untersuchungen an elektronischen Regelantrieben
II. Statische Untersuchungen zur Ausnutzung von Drehbänken
1956, 46 Seiten, 18 Abb., DM 10,40

HEFT 297
Dr. K. Schaarwächter, Düsseldorf
Die Reduktion von Siliziumtetrachlorid im Lichtbogen zur nachfolgenden Silizierung von Eisenblechen
1958, 30 Seiten, 12 Abb., DM 8,20

HEFT 298
Prof. Dr.-Ing. E. Oehler, Aachen
Untersuchung von kritischen Drehzahlen, die durch Kreiselmomente verursacht werden
1956, 50 Seiten, 35 Abb., DM 13,15

HEFT 299
Dr. J. Fassbender und W. Hoppe, Bonn
Eine photoelektrische Nachlaufeinrichtung für Analogie-Rechenmaschinen
1956, 20 Seiten, 8 Abb., DM 7,65

HEFT 300
Prof. Dr. E. Schütz und Privatdozent Dr. H. Caspers, Münster
Tierexperimentelle Untersuchungen über die Alkoholwirkungen auf Erregbarkeit und bioelektrische Spontanaktivität der Hirnrinde
1956, 44 Seiten, 6 Abb., 1 Tabelle, DM 9,55

HEFT 301
Prof. Dr. W. Weltzien, Dr. G. Cossmann und P. Diehl, Krefeld
Über die fraktionierte Füllung von Polyamiden (II)
1956, 54 Seiten, 1 Abb., 16 Tabellen, DM 11,30

HEFT 302
Prof. Dr.-Ing. W. Wegener und Dipl.-Ing. W. Zahn, Aachen
Untersuchungen von gesponnenen Garnen auf ihre Gleichmäßigkeit nach verschiedenen Meßmethoden
1957, 58 Seiten, 34 Abb., DM 15,20

HEFT 303
Prof. Dr. Ing. S. Kiesskalt, Aachen
Das Institut der Forschungsgesellschaft Verfahrenstechnik e. V. an der Technischen Hochschule Aachen
1956, 76 Seiten, 20 Abb., 3 Tabellen, DM 16,40

HEFT 304
Prof. Dr.-Ing. K. Krekeler, Düsseldorf, und Dipl.-Ing. A. Kleine-Albers, Aachen
Beitrag zur thermoelastischen Warmformbarkeit von Hart-PVC
1957, 72 Seiten, 29 Abb., DM 17,70

HEFT 305
Prof. Dr.-Ing. K. Krekeler, Düsseldorf, Dr.-Ing. H. Peukert, Aachen, und Dipl.-Ing. W. Schmitz, Siegburg
Heißgas-Schweißung von Hart-Polyvinylchlorid mit Zusatzwerkstoff
1956, 44 Seiten, 27 Abb., 5 Tabellen, DM 12,50

HEFT 306
Prof. Dr. B. Rensch, Münster
Elektrophysiologische Untersuchungen zur Analysierung der Bildung von Assoziationen und Gedächtnisspuren in Gehirn und Rückenmark
Prof. Dr. A. Loeser, Münster
Akute und chronische Giftwirkungen sauerstoffhaltiger Lösungsmittel
1956, 36 Seiten, 9 Abb., DM 8,90

HEFT 307
Privatdozent Dr. J. Juilfs, Krefeld
Vergleichende Untersuchungen zur elastischen und bleibenden Dehnung von Fasern
1956, 36 Seiten, 11 Abb., DM 8,30

HEFT 308
Privatdozent Dr. J. Juilfs, Krefeld
Zur Messung der Fadenglätte
1956, 22 Seiten, 10 Abb., 2 Tabellen, DM 8,—

HEFT 309
Prof. Dr. K. Cruse und Mitarbeiter, Clausthal-Zellerfeld
Aufbau und Arbeitsweise eines universell verwendbaren Hochfrequenz-Titrationsgerätes
1957, 48 Seiten, 29 Abb., DM 11,90

HEFT 310
Dr. P. F. Müller, Bonn
Die Integrieranlage des Rheinisch-Westfälischen Instituts für Instrumentelle Mathematik in Bonn
1956, 62 Seiten, 6 Abb., 30 Satzskizzen, DM 14,45

HEFT 311
Prof. Dr. F. Wever und Dr. M. Hempel, Düsseldorf
Dauerschwingfestigkeit von Stählen bei erhöhten Temperaturen
Teil I: Erkenntnisse aus bisherigen Dauerschwingversuchen in der Wärme
1956, 48 Seiten, 19 Abb., 2 Tabellen, DM 10,90

HEFT 312
Prof. Dr. F. Wever und Dr. M. Hempel, Düsseldorf
Dauerschwingfestigkeit von Stählen bei erhöhten Temperaturen
Teil II: Zug-Druck-Dauerschwingversuche an zwei warmfesten Stählen bei Temperaturen von 500 bis 650°
1956, 48 Seiten, 20 Abb, 3 Tabellen. DM 13,—

WESTDEUTSCHER VERLAG · KÖLN UND OPLADEN

HEFT 313

Prof. Dr. F. Wever, Dr. W. Koch und Dipl.-Phys. H. Rohde, Düsseldorf

Änderungen des Babitus und der Gitterkonstanten des Zementits in Chromstählen bei verschiedenen Wärmebehandlungen

1956, 88 Seiten, 29 Abb., 8 Tabellen, DM 20,90

HEFT 314

Prof. Dr. F. Wever, Dr.-Ing. A. Krisch, Düsseldorf, und Dr.-Ing. H.-J. Wiester, Essen

Veränderungen im Gefügeaufbau von Chrom-Nickel-Molybdän-Stählen bei langzeitiger Beanspruchung im Zeitstandversuch bei 500°

1956, 48 Seiten, 26 Abb., 5 Tabellen, DM 11,70

HEFT 315

Prof. Dr. F. Wever und Dr.-Ing. A. Krisch, Düsseldorf

Metallkundliche Untersuchungen an Zeitstandproben

1956, 38 Seiten, 12 Abb., DM 9,15

HEFT 316

Dr. F. Keune, Aachen

Zusammenfassende Darstellung und Erweiterung des Aequivalenzsatzes für schallnahe Strömung

1956, 80 Seiten, 22 Abb., DM 17,90

HEFT 317

Dr.-Ing. J. Stelter, Aachen

Mikrobiologische Ultraschallwirkungen

1957, 106 Seiten, 41 Abb., 12 Tab., DM 23,90

HEFT 318

Dipl.-Ing. H. Kickert, Aachen

Über die Ausbreitung von Ultraschall in Luft

1957, 78 Seiten, 51 Abb., 7 Tab., DM 19,20

HEFT 319

Prof. Dr. C. Kröger, Aachen

Gemengereaktionen und Glasschmelze

1957, 118 Seiten, 53 Abb., 16 Tab., DM 26,—

HEFT 320

Dr. H.-E. Caspary, Köln

Verwendung von Szintillationszählern an Stelle von Zählrohren zur zerstörungsfreien Materialprüfung

1956, 42 Seiten, 13 Abb., 2 Tabellen, DM 10,10

HEFT 321

Prof. Dr. F. Wever, Düsseldorf, und Dr. W. Wepner, Köln

Gleichzeitige Bestimmung kleiner Kohlenstoff- und Stickstoffgehalte im α-Eisen durch Dämpfungsmessung

1956, 30 Seiten, 3 Abb., 4 Tabellen, DM 6,80

HEFT 322

Prof. Dr.-Ing. F. Bollenrath und Dipl.-Ing. W. Domke, Aachen

Eigenspannungen in vergüteten, dickwandigen Stahlzylindern nach Oberflächenhärtung mit induktiver Erwärmung

1956, 30 Seiten, 9 Abb., 2 Tabellen, DM 6,90

HEFT 323

Prof. Dr. R. Seyffert, Köln

Wege und Kosten der Distribution der Textilien, Schuh- und Lederwaren

1956, 98 Seiten, 37 Tabellen, 1 Falttaf., DM 12,–

HEFT 324

Prof. Dr.-Ing. H. Opitz, Dr.-Ing. E. Saljé und Dipl.-Ing. K. E. Schwartz, Aachen

Richtwerte für das Außenrund-Längs- und Einstechschleifen

1956, 62 Seiten, 44 Abb., 2 Tabellen, DM 13,85

HEFT 325

Prof. Dr. E. Schratz, Münster

Pharmakognostische Untersuchungen am Medizinal-Rhabarber

1957, 62 Seiten, 29 Abb., 3 Tabellen, DM 17,90

HEFT 326

Prof. Dr.-Ing. E. Essers und Mitarbeiter, Aachen

Deichselkräfte an Lastzügen

1957, 96 Seiten, 34 Abb., DM 22,10

HEFT 327

Prof. Dr.-Ing. habil. K. Krekeler und Dr.-Ing. H. Peukert, Aachen

Beitrag zur thermoelastischen Formbarkeit von Polyäthylen

1956, 56 Seiten, 49 Abb., 9 Tabellen, DM 12,80

HEFT 328

Dr. H. Maeder, Belo Horizonte

Schweißen von Temperguß

1957, 92 Seiten, 59 Abb., 42 Tabellen, DM 25,50

HEFT 329

Dipl.-Ing. A. Krüger, Karlsruhe, und Feuerwehr-Ing. R. Radusch, Dortmund

Wasserzerstäubung im Strahlrohr

1956, 86 Seiten, 21 Abb., 3 Tabellen, DM 18,65

HEFT 330

Dipl.-Physiker E. Pepping, Aachen

Die Durchflußzahl des Rechteckschlitzes in einer sehr großen Wand

1957, 54 Seiten, 21 Abb., DM 12,35

HEFT 331

Dipl.-Ing. G. Bretschneider, Ruit

Die Messung der wiederkehrenden Spannung mit Hilfe des Netzmodelles

1957, 46 Seiten, 21 Abb., 2 Tab., DM 11,20

HEFT 332

Prof. Dr.-Ing. R. Jaeckel und Dr. G. Reich, Bonn

Messung von Dampfdrucken im Gebiet unter 10^{-2} Torr

1956, 42 Seiten, 16 Abb., 2 Tabellen, DM 10,40

HEFT 333

Prof. Dipl.-Ing. W. Sturtzel und Dr.-Ing. W. Graff, Duisburg

I. Der Flachwassereinfluß auf den Form- und Reibungswiderstand von Binnenschiffen

II. Der Flachwassereinfluß auf die Nachstrom- und Sogverhältnisse bei Binnenschiffen

1956, 44 Seiten, 14 Abb., DM 9,80

HEFT 334

Prof. Dr. W. Weizel und Dr. G. Meister, Bonn

Spektralanalyse durch Messung des Interferenz-Kontrastes

1956, 42 Seiten, DM 9,30

HEFT 335

Prof. Dr. W. Weizel und H. Hornberg, Bonn

Untersuchungen der anodischen Teile einer Glimmentladung

1957, 62 Seiten, 14 Farbabb., 21 Abb., 1 Tab., DM 32,80

HEFT 336

Dr. Tung-ping Yao, Aachen

Die Viskosität metallischer Schmelzen

1957, 64 Seiten, 28 Abb., 2 Tab., DM 14,40

HEFT 337

Dr. R. Hoeppener und Dr. W. Biertber, Bonn

Tektonik und Lagestätten im Rheinischen Schiefergebirge

1957, 66 Seiten, 14 Abb., DM 16,25

HEFT 338

Prof. Dr.-Ing. W. Wegener, Aachen, und Dipl.-Ing. J. Schneider, M.-Gladbach

Die Bedeutung der Knotenart für die Herabminderung der Fadenbrüche

1957, 40 Seiten, 6 Abb., DM 9,80

HEFT 339

Prof. Dr.-Ing. W. Wegener und Dipl.-Ing. W. Zahn, Aachen

Vergleich des normalen mit verschiedenen abgekürzten Baumwollspinnverfahren in bezug auf Gleichmäßigkeit und Sortierungsstreuung der Garne

1956, 56 Seiten, 17 Abb., 17 Tabellen, DM 12,70

HEFT 340

Dipl.-Ing. W. Rohs und Dipl.-Ing. R. Otto, Bielefeld

Das Naßspinnen von Bastfasergarnen mit Spinnbadzusätzen unter Ausnutzung einer zentralen Spinnwasserversorgungsanlage

1956, 56 Seiten, 2 Abb., 6 Tabellen, DM 11,60

HEFT 341

Prof. Dr.-Ing. H. Winterhager und Dipl.-Ing. L. Werner, Aachen

Präzisions-Meßverfahren zur Bestimmung des elektrischen Leitvermögens geschmolzener Salze

1956, 44 Seiten, 19 Abb., 1 Tabelle, DM 10,60

HEFT 342

Prof. Dr.-Ing. H. Winterhager und Dipl.-Ing. W. Barthel, Aachen

Die Gewinnung von Titanschlackenkonzentraten aus eisenreichen Ilemniten

1957, 60 Seiten, 30 Abb., 6 Tab., DM 13,30

HEFT 343

Prof. Dr.-Ing. W. Petersen, Aachen, und Dipl.-Ing. S. Wawroschek, Aachen

Die zweckmäßigsten Gütebestimmungsverfahren und Brikettierungsbedingungen bei der Erzeugung von Braunkohlen-Eisenerz-Briketts

1956, 64 Seiten, 28 Abb., DM 13,95

HEFT 344

Prof. Dr.-Ing. W. Fucks, Aachen

Zur Deutung einfachster mathematischer Sprachcharakteristiken

1956, 38 Seiten, 12 Abb., DM 7,80

HEFT 345

Dipl.-Ing. G. Gerbe und Dipl.-Ing. H. Monstadt, Essen

Konvektive Trocknung mit gasbeheizter Luft und Trocknung durch Gasstrahler

1957, 46 Seiten, 16 Abb., DM 10,40

HEFT 346

Dipl.-Ing. O. Arnold, Aachen

Erfahrungen mit Kernbohrungen zur Lagerstättenuntersuchung im Erzbergbau

1957, 36 Seiten, 2 Abb., 3 Falttaf. 6 Tab., DM 8,80

HEFT 347

S. Ruff, F. Kipp, H. Hansteen und G. Müller, Bonn

Untersuchungen zur Frage der Gehörschädigungen des fliegenden Personals der Propellerflugzeuge

1957, 50 Seiten, 27 Abb., 3 Tab., DM 11,10

HEFT 348

Prof. Dr.-Ing. E. Piwowarsky und Dr.-Ing. E. G. Nickel, Aachen

Metallurgie eines hochwertigen Gußeisens mit kompakter bis kugelförmiger Graphitausbildung

1957, 54 Seiten, 27 Abb., 5 Tab., DM 13,30

HEFT 349

Dr.-Ing. W. A. Fischer, Dr.-Ing. H. Treppschuh und Dr.-Ing. K. H. Köthemann, Düsseldorf

Tiegel aus Schmelzmagnesia für Vakuuminduktionsöfen

1957, 34 Seiten, 14 Abb., DM 8,40

HEFT 350

Prof. Dr.-Ing. habil. K. Krekeler und Dr.-Ing. H. Peukert, Aachen

Das Spannungsverhalten der Kunststoffe bei der Verarbeitung

1958, 32 Seiten, 12 Abb., DM 20,–

HEFT 351

Prof. Dr.-Ing. H. Opitz, Dipl.-Ing. H. Axer und Dipl.-Ing. H. Rhode, Aachen

Zerspanbarkeit hochwarmfester und nichtrostender Stähle. Teil I

1957, 96 Seiten, 73 Abb., 2 Tab., DM 21,80

HEFT 352

Dipl.-Ing. H. Fauser, Aachen

Fahrdynamik und Batterie-Arbeitsverbrauch von Akkumulatorenlokomotiven im Untertagebetrieb

1957, 152 Seiten, 78 Abb., DM 36,10

HEFT 353

Forschungsinstitut für Rationalisierung, Aachen

Schlagwortregister zur Rationalisierung

1957, 376 Seiten, DM 56,–

HEFT 354

Dipl.-Ing. D. Wagener, Aachen

Auswirkungen neuer Gaserzeugungs-Verfahren unter Berücksichtigung der Auswirkung auf den Kokereibetrieb

in Vorbereitung

HEFT 355

Prof. Dr.-Ing. habil. K. Krekeler, Dr.-Ing. H. Peukert und Dipl.-Ing. A. Kleine-Albers, Aachen

Heißgas-Schweißungen von Weich-Polyvinylchlorid mit Zusatzwerkstoff

1957, 44 Seiten, 19 Abb., DM 11,—

HEFT 356

Dipl.-Phys. G. Gurke, Aachen

Aufbau einer Meßanlage für Untersuchungen elektrischer Gasentladung im Bereiche großer p. d.-Werte

1956, 38 Seiten, 13 Abb., DM 8,65

HEFT 357

Prof. Dr.-Ing. W. Fucks, Aachen

Mathematische Analyse der Formalstruktur von Musik

1958, 54 Seiten, 29 Abb., 16 Tabellen, DM 13,60

HEFT 358

Prof. Dr. rer. nat. W. Weltzien, Dipl.-Chem. P. Ringel und Text.-Ing. H. Kirchhoff, Krefeld

Die Waschechtheit von Färbungen. Vergleichende Untersuchungen auf dem Gebiete der Echtheitsprüfung

1958, 62 Seiten, 12 farb. Abb., DM 58,—

HEFT 359

Dr.-Ing. F. J. Meister, Düsseldorf

Veränderung der Hörschärfe, Lautheitsempfindung und Sprachaufnahme während des Arbeitsprozesses bei Lärmarbeitern

1957, 84 Seiten, 11 Abb., 40 Audiogramme, 41 Tab., DM 19,90

HEFT 360

Dr.-Ing. E. Barz, Remscheid

Fertigungsverfahren und Spannungsverlauf bei Kreissägeblättern für Holz

1957, 72 Seiten, 40 Abb., DM 17,—

HEFT 361

Dipl.-Ing. H. F. Klein, Aachen

Die nichtstationären Strömungsvorgänge und der Wärmeübergang in einem Schwingfeuergerät

1957, 84 Seiten, 34 Abb., 4 Falttafeln, DM 25,90

HEFT 362

Prof. Dr. med. G. Lehmann und Dipl.-Phys. D. Dieckmann, Dortmund

Die Wirkung mechanischer Schwingungen (0,5 bis 100 Hertz) auf den Menschen

1957, 100 Seiten, 53 Abb., 6 Tab., DM 22,50

HEFT 363
Dr.-Ing. U. Domm, Frankenthal (Pfalz)
Über eine Hypothese, die den Mechanismus der Turbulenz-Entstehung betrifft
1956, 28 Seiten, 4 Abb., DM 6,45

HEFT 364
Prof. Dr. Th. Beste, Köln
Die Mehrkosten bei der Herstellung ungängiger Erzeugnisse im Vergleich zur Herstellung vereinheitlichter Erzeugnisse
1957, 352 Seiten, DM 50,—

HEFT 365
Sozialforschungsstelle an der Universität Münster, Dortmund
Standort und Wohnort
1957, Textband: 350 Seiten, 28 Karten, 73 Tab. Anlageband: 15 Karten, 21 Tab., DM 99,—

HEFT 366
Versuchsanstalt für Binnenschiffbau e. V., Duisburg
Bei Flachwasserfahrten durch die Strömungsverteilung am Boden und an den Seiten stattfindende Beeinflussung des Reibungswiderstandes von Schiffen
1957, 96 Seiten, 39 Abb., 28 Tab., DM 20,40

HEFT 367
Dr. rer. nat. D. Horstmann, Düsseldorf
Der Angriff eisengesättigter Zinkschmelzen auf kohlenstoff-, schwefel- und phosphorhaltiges Eisen
1957, 52 Seiten, 22 Abb., 6 Tab., DM 12,85

HEFT 368
Prof. Dr. phil. H. Kaiser, Dortmund
Entwicklung betriebsmäßiger spektrochemischer Analysenverfahren für technische Gläser
1957, 40 Seiten, 11 Abb., DM 9,10

HEFT 369
Prof. Dr.-Ing. R. Jaeckel und Dipl.-Phys. F. J. Schittko, Bonn
Gasabgabe von Werkstoffen ins Vakuum
1957, 48 Seiten, 20 Abb., 6 Tab., DM 13,30

HEFT 370
Dr. phil. habil. F. Schwarz, Köln
Physikochemische Grundlagen der Bildsamkeit von Kalken unter Einbeziehung des Begriffes der aktiven Oberfläche
in Vorbereitung

HEFT 371
Dr. phil. W. Lejeune, Köln
Beitrag zur statistischen Verifikation der Minderheiten-Theorie
1958, 80 Seiten, 14 Abb., DM 17,90

HEFT 372
Prof. Dr. phil. M. von Stackelberg, Bonn
Untersuchungen zur Ausarbeitung und Verbesserung von polarographischen Analysenmethoden. 2. Bericht
1957, 44 Seiten, 9 Abb., 7 Tab., DM 10,10

HEFT 373
Dipl.-Ing. H. J. Koch, Essen
Druckgasfeuerung — ein Verfahren zum Betrieb von Gasfeuerstätten
1957, 38 Seiten, 8 Abb., 10 Tab., DM 8,50

HEFT 374
Dr. E. Paproth, Krefeld
Paläontologische Bearbeitung der in den devonischen Schichten des Siegerlandes enthaltenen Faunen
1957, 38 Seiten, 3 Tab., DM 8,30

HEFT 375
Technischer Überwachungsverein e. V., Essen
Wanddickenmessungen mittels radioaktiver Strahlen und Zählrohrgerät
1958, 38 Seiten, 15 Abb., DM 9,55

HEFT 376
Technischer Überwachungsverein e. V., Essen
Wasserumlaufprobleme an Hochdruckkesseln
1958, 140 Seiten, 56 Abb., 8 Tabellen DM 32,60

HEFT 377
Technischer Überwachungsverein e. V., Essen
Versuche an Wanderrostkesseln mit befeuchteter Verbrennungsluft
1958, 50 Seiten, 19 Abb., 3 Tabellen., DM 12,20

HEFT 378
Oberingenieur H. Stein, M.-Gladbach
Beobachtung und maßtechnische Erfassung der Vorgänge im Spinn- und Aufwindefeld von Ringspinn- und Ringzwirnmaschinen
1957, 104 Seiten, 88 Abb., 3 Tabellen, DM 26,90

HEFT 379
Laboratorium für textile Meßtechnik, M.-Gladbach
Schußfadenspannung beim Weben
1957, 76 Seiten, 17 Abb., 3 Tabellen, DM 18,60

HEFT 380
Dipl.-Phys. R. Trappenberg, Karlsruhe
Theoretische und experimentelle Untersuchungen zur Staubverteilung einer Rauchfahne
1957, 64 Seiten, 7 Abb., 18 Tabellen, DM 14,90

HEFT 381
Dr. J. Juilfs, Krefeld
Zur Dichtebestimmung von Fasern. Methoden und Beispiele der praktischen Anwendung
1957, 76 Seiten, 34 Abb., 18 Tabellen, DM 17,—

HEFT 382
Dr. phil. habil. P. Hölemann, Ing. R. Hasselmann und Ing. G. Dix, Dortmund
Die Messung von Flammen und Detonationsgeschwindigkeiten bei der explosiven Zersetzung von Acetylen in Rohren
1957, 36 Seiten, 7 Abb., 4 Tab., DM 8,10

HEFT 383
Dr. phil. habil. P. Hölemann und Ing. R. Hasselmann, Dortmund
Verlauf von Azetylenexplosionen in Rohren bei Gegenwart von porösen Massen
1957, 68 Seiten, 10 Abb., 15 Tabellen, DM 16,60

HEFT 384
Prof. Dr.-Ing. H. Opitz, Aachen
Schwingungsuntersuchungen an Werkzeugmaschinen
in Vorbereitung

HEFT 385
Prof. Dr.-Ing. H. Opitz, Aachen
Zerspanbarkeit hochwarmfester und nichtrostender Stähle. Teil II
1957, 86 Seiten, 54 Abb., 5 Tabellen, DM 19,30

HEFT 386
Prof. Dr.-Ing. H. Opitz, Aachen
Standzeituntersuchungen und Verschleißmessungen mit radioaktiven Isotopen
1958, 50 Seiten, 33 Abb., 3 Tabellen, DM 12,75

HEFT 387
Prof. Dr. med. W. Kikuth und Dozent Dr. med. L. Grün, Düsseldorf
Die Verhütung von Infektion durch Desinfektion des Raumes und der Raumluft
1957, 96 Seiten, 14 Abb., 20 Tab., DM 22,50

HEFT 388
Prof. Dr. rer. nat. habil. W. Baumeister und Dr. rer. nat. H. Burghardt, Münster
Die Bedeutung der Elemente Zink und Fluor für das Pflanzenwachstum
1957, 48 Seiten, 17 Tab. DM 10,20

HEFT 389
Prof. Dr.-Ing. habil. H. Fink und K. W. Hoppenhaus, Köln
Die biologische Eiweiß-Synthese von höheren und niederen Pilzen und die alimentäre Lebernekrose der Ratte
1957, 76 Seiten, 2 Abb., 24 Tab., DM 15,60

HEFT 390
Dr.-Ing. J. Endres und Dr.-Ing. G. Hiebel, München
Berechnung der optimalen Leistungen, Kraftstoffverbräuche und Wirkungsgrade von Luftfahrt-Gasturbinen-Triebwerken am Boden und in der Höhe bei Fluggeschwindigkeiten von 0—2000 km/h und bei vorgegebenen Düsenausströmgeschwindigkeiten
1958, 130 Seiten, 16 Abb., DM 24,90

HEFT 391
Prof. Dr. phil. F. Wever, Dr. phil. W. Koch und Dipl.-Chem. F. Stricker, Düsseldorf
Die quantitative spektrographische Analyse von Gasgemischen aus Kohlenmonoxyd, Wasserstoff und Stickstoff
1957, 48 Seiten, 21 Abb., 3 Tab., DM 11,30

HEFT 392
Prof. Dr. phil. F. Wever u. a., Düsseldorf
Untersuchungen über den Konverterrauch im Hinblick auf die spektrale Überwachung des Thomasprozesses
1957, 48 Seiten, 14 Abb., 4 Tab., DM 12,10

HEFT 393
Dr.-Ing. O. Viertel und S. Brückner-Lucas, Krefeld
Arbeitszeitstudien an Haushaltwaschmaschinen
1957, 74 Seiten, 8 Abb., 13 Tab., DM 17,30

HEFT 394
Privatdozent Dr. med. W. Koch, Münster
Die Ablagerung radioaktiver Substanzen im Knochen
1958, 264 Seiten, 147 Abb., DM 51,00

HEFT 395
Dipl.-Ing. L. Hahn, Clausthal-Zellerfeld
Untersuchungen zur Frage des optimalen Bohrloch- und Patronendurchmessers
1957, 132 Seiten, 49 Abb., 19 Tab., DM 31,25

HEFT 396
Prof. Dr.-Ing. F. Schultz-Grunow, Dr.-Ing. A. Jogerich, Essen, Dipl.-Ing. H. Meyer, cand. ing. P. Sand, Aachen
Untersuchungen des Luftwiderstandes von Güterwagen
1957, 42 Seiten, 18 Abb., 5 Tab., DM 10,90

HEFT 397
Techn.-Wissenschaftliches Büro für die Bastfaserindustrie, Bielefeld
Ungleichmäßigkeiten in Bändern von Bastfaserkarden, ihre Ursachen und Auswirkungen
1957, 60 Seiten, 18 Abb., 1 Tab., DM 14,80

HEFT 398
Prof. Dr. habil. H. E. Schwiete, Aachen, u. a.
Einlagerungsversuche an synthetischem Mullit I. – Die Zusammensetzung der Schmelzphase in Schamottesteinen I
1957, 58 Seiten, 6 Abb., 9 Tab., DM 14,40

HEFT 399
Prof. Dr. habil. H. E. Schwiete und Dr.-Ing. R. Vinkeloe, Aachen
Möglichkeiten der quantitativen Mineralanalyse mit dem Zählrohrgerät unter besonderer Berücksichtigung der Mineralgehaltsbestimmung von Tonen
1958, 102 Seiten, 34 Abb., 1 Tabelle, DM 26,70

HEFT 400
Prof. Dr. phil. W. Fuchs und Dipl.-Chem. H. Weyerstrass, Aachen
Entwicklung eines Heißfilters zur Reinigung von Gichtgas eines mit Kohle betriebenen Niederschachtofens
1958, 88 Seiten, 30 Abb., DM 20,20

HEFT 401
Prof. Dr.-Ing. M. Lipp und Dipl.-Chem. G. Frielingsdorf, Aachen
Darstellung reaktionsfähiger Verbindungen des Camphansystems und Versuche zu deren Fluorierung
1957, 84 Seiten, DM 17,—

HEFT 402
Prof. Dr. W. Linke, Aachen
Die Wärmeübertragung durch Thermopane-Fenster
1958, 44 Seiten, 17 Abb., 2 Tabellen, DM 10,80

HEFT 403
Prof. Dr.-Ing. P. Denzel und Dipl.-Ing. W. Cremer, Aachen
Verbesserung der Benutzungsdauer der Höchstlast in ländlichen Netzen durch Anwendung elektrischer Geräte in der Landwirtschaft
1957, 46 Seiten, 23 Abb., DM 12,10

HEFT 404
Prof. Dr. R. Jaeckel und Dipl.-Phys. F. Gross, Bonn
Die Löslichkeit von Gasen in schwerflüchtigen organischen Flüssigkeiten
1957, 46 Seiten, 17 Abb., 1Tab., DM 11.50

HEFT 405
Prof. Dr.-Ing. H. Opitz und Dipl.-Ing. H. Schuler, Aachen
Untersuchungen für einen Wirtschaftlichkeitsvergleich der Feinbearbeitungsverfahren
1958, 72 Seiten, 43 Abb., DM 17,90

HEFT 406
W. Kirsch, Remscheid
Entwicklungsarbeiten auf dem Gebiete des Korrosionsschutzes
1957, 86 Seiten, 28 Abb., 11 Tabellen, DM 19,—

HEFT 407
Prof. Dr.-Ing. H. Schenk, Aachen, und Dr.-Ing. W. Wenzel, Bad Godesberg
Entwicklungsarbeiten auf dem Gebiete der Verhüttung von Erzstaub in Schmelzkammern
1957, 82 Seiten, 9 Abb., 18 Tabellen, DM 17,10

HEFT 408
Prof. Dr. phil. F. Wever, Dr.-Ing. W. Lueg und Dr.-Ing. H. G. Müller, Düsseldorf
Kraft- und Arbeitsbedarf beim Warmscheren von Stahl in Abhängigkeit von Temperatur und Schnittgeschwindigkeit
1957, 46 Seiten, 15 Abb., 3 Tab., DM 11,35

WESTDEUTSCHER VERLAG · KÖLN UND OPLADEN

HEFT 409
Prof. Dr. phil. F. Wever, Dr. phil. W. Koch, Dr. rer. nat. Ch. Ilschner-Gensch und Dipl.-Phys. H. Rohde, Düsseldorf
Das Auftreten eines kubischen Nitrids in aluminiumlegierten Stählen
1957, 38 Seiten, 12 Abb., 3 Tabellen, DM 10,10

HEFT 410
Prof. Dr. phil. F. Wever, Prof. Dr. rer. techn. A. Kochendörfer, Dr. phil. nat. M. Hempel, Düsseldorf und Dipl.-Phys. E. Hillenhagen, Köln
Biegewechselversuche mit Flachproben aus Alpha-Eisen-Einkristallen zur Bestimmung der Wechselfestigkeit und der Gleitspuren
1957, 112 Seiten, 58 Abb., 3 Tabellen, DM 30,—

HEFT 411
Prof. Dr. W. Halbsguth und Dr. L. Sommer, Frankfurt/M.
Grundlegende Versuche zur Keimungsphysiologie von Pilzsporen
1957, 100 Seiten, 13 Abb., 32 Tabellen., DM 22,70

HEFT 412
Prof. Dr.-Ing. H. Opitz, Aachen
Kennwerte und Leistungsbedarf für Werkzeugmaschinengetriebe
1958, 72 Seiten, 35 Abb., DM 17,20

HEFT 413
Prof. Dr.-Ing. H. Opitz, Aachen
Richtwerte für das Fräsen von unlegierten und legierten Baustählen mit Hartmetall, Teil II
1957, 56 Seiten, 35 Abb., 4 Tabellen, DM 14,40

HEFT 414
Dr. med. H.-K. Parchwitz und Dr. med. C. Winkler, Bonn
Speicherung organischer Farbstoffe und künstlich radioaktiver Substanzen in Geschwülsten
1958, 46 Seiten, 14 Abb., DM 13,35

HEFT 415
Prof. Dr.-Ing. W. Paul, Dr. rer. nat. O. Osberghaus und Dipl.-Phys. E. Fischer, Bonn
Ein Ionenkäfig
1958, 56 Seiten, 18 Abb., DM 13,65

HEFT 416
Oberreg.-Gewerberat Dipl.-Ing. G. Steinicke, Hamburg
Die Wirkung von Lärm auf den Schlaf des Menschen
1957, 46 Seiten, 14 Abb., 8 Tab., DM 11,60

HEFT 417
Prof. Dr.-Ing. habil. E. Rößger, Berlin
I. Teil: Die Entwicklung des Weltluftverkehrs, Ergänzungsbericht 1954
II. Teil: Die zivile Luftfahrtpolitik der USA
1957, 230 Seiten, 6 Abb., 83 Tab., DM 48,—

HEFT 418
O. Gdaniec, Mülheim/Ruhr
Über die Randlochkarte als Hilfsmittel in der Dokumentation
1957, 44 Seiten, 15 Abb., 8 Tab., DM 10,10

HEFT 419
Dipl.-Ing. K. Brooks
Die Messungen der Reflexionseigenschaften künstlicher und natürlicher Materialien mit quasi-optischen Methoden bei Mikrowellen
1957, 78 Seiten, 52 Abb., DM 20,35

HEFT 420
Dipl.-Ing. M. Vogel, Oberpaffenhofen
Das Spektralgebiet zwischen dem langwelligen Ultrarot und Mikrowellen
1957, 66 Seiten, 2 Abb., DM 13,50

HEFT 421
ORR Dipl.-Volkswirt Dr. H. Rogmann, Düsseldorf
Die Erforschung der Verkehrskonjunktur und der langzeitigen Dynamik in der Verkehrswirtschaft (Zusammenfassung der eingegangenen Stellungnahmen und Vorschläge)
1957, 168 Seiten, 3 Falttafeln, DM 26,60

HEFT 422
Prof. Dr.-Ing. K. Leist und Dipl.-Ing. W. Dettmering, Aachen
Prüfstände zur Messung der Druckverteilung an rotierenden Schaufeln
in Vorbereitung

HEFT 423
Prof. Dr.-Ing. K. Leist und Dr.-Ing. O. Thun, Aachen
Strömungsmessungen über Brennkammer-Wirkungsgrade
in Vorbereitung

HEFT 424
Prof. Dr.-Ing. K. Leist und Dipl.-Ing. I. Weber, Aachen
Spannungsoptische Untersuchungen von rotierenden Scheiben mit exzentrischen Bohrungen
1958, 74 Seiten, 80 Abb., 7 Tab., DM 22,65

HEFT 425
Dipl.-Ing. H. Lübke, Hamburg
Gasturbinen und Strahlantriebe für Hubschrauber
1958, 120 Seiten, 70 Abb., 9 Falttafeln, 1 Tab., DM 30,40

HEFT 426
Prof. Dr.-Ing. H. Opitz und Dipl.-Ing. W. Scholz, Aachen
Untersuchungen über den Räumvorgang
1957, 74 Seiten, 36 Abb., 7 Tab., DM 16,55

HEFT 427
Dr.-Ing. J. Endres, München
Kinematische Untersuchung eines Zweitakt-Hochleistungs-Dieseltriebwerks mit achsparallelen Zylindern und gegenläufigen Kolben
1958, 46 Seiten, 15 Abb., DM 11,55

HEFT 428
Dr.-Ing. J. Endres, München
Untersuchungen der Beschleunigungsverhältnisse eines Zweitakt-Hochleistungs-Dieseltriebwerks mit achsparallelen Zylindern und gegenläufigen Kolben
in Vorbereitung

HEFT 429
Prof. Dr. O. Kuhn, Köln
Selektive Wirkung verschiedener Stoffgruppen auf tierische Gewebe
1957, 54 Seiten, 32 Abb., DM 13,15

HEFT 430
Prof. Dr. G. Garbotz, Aachen und Dr.-Ing. G. Dress, Cadiz
Untersuchungen über das Kräftespiel an Flachbagger-Schneidwerkzeugen in Mittelsand und schwach bindigem, sandigem Schluff unter besonderer Berücksichtigung der Planierschilde und ebenen Schürfkübelschneiden
1958, 156 Seiten, 81 Abb., DM 37,50

HEFT 431
Prof. Dr.-Ing. H. Winterhager, Dr.-Ing. R. Kammel und Dipl.-Ing. W. Barthel, Aachen
Fortschritte auf dem Gebiet der Titanmetallurgie 1950—1955
1957, 160 Seiten, DM 34,50

HEFT 432
Dipl.-Phys. R. Werz, Bonn
Die Entwicklung einer Synchrozyklotron-Ionenquelle
1958, 122 Seiten, 90 Abb., 1 Tabelle, DM 30,30

HEFT 433
Dr.-Ing. G. Satlow, Aachen
Über einige physikalische und chemische Eigenschaften der Wolle von der gewaschenen Wolle bis zum Kammzug
1957, 72 Seiten, 15 Abb., 19 Tab., DM 15,25

HEFT 434
Dipl.-Ing. W. Rohs und Dr. J. Geurten, Bielefeld
Schlichten für Baumwollgarne
1957, 108 Seiten, 3 Abb., zahlreiche Tab., DM 23,70

HEFT 435
Dipl.-Ing. W. Rohs und Dipl.-Ing. L. Steinmetz, Bielefeld
Die Masseungleichmäßigkeit von Flachstreckenbändern in Abhängigkeit von Verzug und Dopplung
1957, 42 Seiten, 4 Abb., 2 Tabellen, DM 9,90

HEFT 436
Priv.-Doz. Dr. habil. J. Juilfs, Krefeld
Zur Bestimmung der Reißlast (Zugfestigkeit) von Fasern, Fäden und Garnen
in Vorbereitung

HEFT 437
Prof. Dr. G. Schmölders und Dr. I. Meyer, Köln
Geldwertbewußtsein und Münzpolitik. — Das sogenannte Gresham'sche Gesetz im Lichte der ökonomischen Verhaltensforschung
1957, 92 Seiten, DM 20,30

HEFT 438
Prof. Dr.-Ing. H. Winterhager und Dr.-Ing. L. Werner, Aachen
Bestimmung des elektrischen Leitvermögens geschmolzener Fluoride
1957, 52 Seiten, 18 Abb., 10 Tab., DM 11,90

HEFT 439
Prof. Dr. phil. H. Lange, Köln und Dr. rer. nat. R. Kohlhaas, Neuß/Rh.
Anwendung der thermomagnetischen Analyse zum Studium des Umwandlungsverhaltens von Eisenwerkstoffen im Temperaturbereich von —150°C bis +1500°C
1958, 108 Seiten, 72 Abb., 2 Tabellen, DM 27,10

HEFT 440
Dr.-Ing. H. Wolf, Aachen
Gekoppelte Hochfrequenzleitungen als Richtkoppler
1958, 122 Seiten, 44 Abb., DM 31,60

HEFT 441
Dr. phil. habil. P. Hölemann und Ing. R. Hasselmann, Düsseldorf
Messung des Temperatur- und Druckverlaufes beim Füllen und Entspannen von Dissousgas
1957, 52 Seiten, 6 Abb., 7 Tab., DM 11,25

HEFT 442
Dipl.-Ing. W. Rohs, Text.-Ing. Griese und Text.-Ing. W. Lauer, Bielefeld
Die Auswirkungen der Trocknungsart naßgesponnener Leinengarne auf deren Verarbeitungswirkungsgrad sowie auf die Festigkeits- und Dehnungseigenschaften der Garne und Gewebe
1957, 28 Seiten, 2 Abb., 3 Tab., DM 6,50

HEFT 443
Prof. Dr. phil. W. Weizel und K. Kluth, Bonn
Über die Struktur der positiven Gleitentladungen
1957, 44 Seiten, 30 Abb., DM 12,20

HEFT 444
Dr.-Ing. W. Wilhelm, Aachen
Einfluß der Saugrohrabmessung, der Einlaßsteuerlage und der Größe des Kurbelkastenvolumens auf den Ladungswechsel eines Einzylinder-Zweitakt-Dieselmotors
1958, 104 Seiten, 22 Abb., DM 22,40

HEFT 445
Dr.-Ing. E. Barz, Remscheid
Fertigungs- und Prüfverfahren für Feilen
vergriffen

HEFT 446
Dr. med. G. Schäfer
Glutationsstoffwechsel und Sauerstoffmangel
1957, 28 Seiten, 5 Tab., DM 6,40

HEFT 447
Prof. Dr.-Ing. F. Bollenrath, Aachen, Dr.-Ing. H. Füllenbach, Seesen/Harz und Dipl.-Ing. J. Schumacher, Neubeckum/Westf.
Entwicklung rationell arbeitender Spritzkabinen
1958, 56 Seiten, 26 Abb., DM 13,55

HEFT 448
Dr. med. C. Winkler, Bonn
Ein Koinzidenz-Szintillometer zum Zwecke der Schilddrüsenfunktionsdiagnostik und der Tumordiagnostik
1957, 32 Seiten, 12 Abb., DM 8,35

HEFT 449
Priv.-Doz. Oberbaurat Dr.-Ing. W. Meyer zur Capellen und Mitarbeiter, Aachen
Bewegungsverhältnisse an der geschränkten Schubkurbel
in Vorbereitung

HEFT 450
Prof. Dr.-Ing. W. Paul, Bonn, und Dipl.-Phys. H. P. Reinhard, M.-Gladbach
Das elektrische Massenfilter als Isotopentrenner
1958, 56 Seiten, 20 Abb., DM 13,50

HEFT 451
Prof. Dr. G. Schmölders, Köln
Rationalisierung und Steuersystem
1957, 78 Seiten, DM 17,15

HEFT 452
Prof. Dr. rer. nat. W. Weltzien und Dr. phil. K. Windeck, Krefeld
Veränderungen an Fasern bei der Bleiche mit Natriumchlorid und über einige Vergilbungserscheinungen
1957, 64 Seiten, 3 Abb., 13 Tabellen, DM 14,85

HEFT 453
Forschungsinstitut der Feuerfest-Industrie, Bonn
Die Arbeiten der technisch-wissenschaftlichen Kommission der PRE (Vereinigung der europäischen Feuerfest-Industrie)
1957, 62 Seiten, 9 Abb., 18 Tabellen, DM 14,75

HEFT 454
Dr.-Ing. W. Piepenburg, Dipl.-Ing. B. Bühling und Bauing. J. Behnke, Köln
Haftfestigkeit der Putzmörtel
1958, 128 Seiten, 6 Abb., 63 Tabellen, DM 28,30

HEFT 455
Dr.-Ing. W. A. Fischer, Dr.-Ing. H. Treppschuh und Dipl.-Phys. K. H. Köthemann, Düsseldorf
Erschmelzung von Reinsteisen nach dem Kohlenstoffproduktionsverfahren und Kerbschlagzähigkeit-Temperatur-Kurven dieses Eisens
1957, 38 Seiten, 7 Abb., 6 Tabellen, DM 9,35

HEFT 456
Priv.-Doz. Dir. Dr.-Ing. K. Bungardt, Essen
Zeitstandversuche an austenitischen Stählen und Legierungen
in Vorbereitung

HEFT 457
Prof. Dr. phil. F. Wever, Düsseldorf und Dr. phil. W. Wepner, Köln
Dämpfungsmessungen an schwach gereckten Eisen-Kohlenstoff-Legierungen
1957, 34 Seiten, 7 Abb., 3 Tab., DM 8,40

HEFT 458
Prof. Dr.-Ing. H. Schenck und Dr.-Ing. E. Schmidtmann, Aachen
Das Frischen von Thomas-Roheisen mit Sauerstoff-Wasserdampf-Gemischen und die Eigenschaften der damit erblasenen Stähle
1957, 62 Seiten, 56 Abb., DM 16,35

HEFT 459
Prof. Dr. phil. F. Wever, Dr. phil. O. Krisement und Hanna Schädler, Düsseldorf
Ein isothermes Mikrokalorimeter zur kinetischen Messung von Umwandlungs- und Ausscheidungsvorgängen in Legierungen
1957, 44 Seiten, 14 Abb., DM 10,75

HEFT 460
Prof. Dr. phil. F. Wever und Dr. rer. nat. B. Ilschner, Düsseldorf
Ein isothermes Lösungskalorimeter zur Bestimmung thermo-dynamischer Zustandsgrößen von Legierungen
1957, 44 Seiten, 7 Abb., 4 Tabellen, DM 10,40

HEFT 461
Prof. Dr.-Ing. habil. E. Piwowarski †, Prof. Dr.-Ing. W. Patterson und Dipl.-Ing. F. W. Iske, Aachen
Verbesserung der Zähigkeitseigenschaften von Bessemer-Stahlguß
1958, 54 Seiten, 15 Abb., 16 Tabellen, DM 12,75

HEFT 462
Prof. Dr. rer. nat. J. Weissinger
Zur Aerodynamik des Ringflügels — II. Die Ruderwirkung
Zur Aerodynamik des Ringflügels — III. Der Einfluß der Profildicken
1957, 82 Seiten, 7 Abb., 6 Tabellen, DM 18,20

HEFT 463
Dipl.-Ing. G. Plüss, Essen-Steele
Die Aufteilung der verbrennlichen Bestandteile in Verbrennungsgasen auf CO und H_2 bei Verbrennung mit Luftunterschuß und bei Luftüberschuß und künstlicher Flammenkühlung
1957, 34 Seiten, 7 Abb., 2 Tabellen, DM 8,40

HEFT 464
Dr. phil. habil. P. Hölemann und Ing. R. Hasselmann, Dortmund
Die Möglichkeit der Zündung von Acetylen in Rohrleitungen beim Ausblasen mit Stickstoff
1957, 38 Seiten, 6 Abb., 6 Tabellen, DM 9,20

HEFT 465
Dr.-Ing. R. Koch, Köln
Amerikanische Fertigungsunterlagen und ihre Werkstattreifmachung für deutsche Betriebe
in Vorbereitung

HEFT 466
Prof. Dr.-Ing. J. Mathieu, Aachen
Überbetrieblicher Verfahrensvergleich
1958, 68 Seiten, 16 Abb., DM 16,65

HEFT 467
Prof. Dr. Dr. h. c. E. Klenk und Dr. phil. H. Faillard, Köln
Neue Erkenntnisse über den Mechanismus der Zellinfektion durch Influenzavirus
Die Bedeutung der Neuraminsäure als Zellreceptor für das Influenzavirus
1957, 52 Seiten, 5 Abb., DM 14,40

HEFT 468
Prof. Dr. med. Dr. med. dent. G. Korkhaus und Dr. med. R. Alfter, Bonn
Die Vakuumwurzelbehandlung
1958, 52 Seiten, 51 Abb., DM 16,55

HEFT 469
Dr. sc. agr. F. Riemann und Dipl.-Volksw. R. Hengstenberg, Göttingen
Zur Industrialisierung kleinbäuerlicher Räume
1957, 138 Seiten, 4 Karten, 23 Tab., DM 27,—

HEFT 470
O. Wehrmann
Hitzdrahtmessungen in einer aufgespaltenen Kármánschen Wirbelstraße
1957, 42 Seiten, 14 Abb., 4 Tabellen, DM 10,90

HEFT 471
Prof. Dr. phil. habil. A. Naumann, Dr.-Ing. A. Heyser und Dr. phil. Dipl.-Ing. W. Trommsdorf, Aachen
Der Überdruck-Windkanal in Aachen
1957, 44 Seiten, 20 Abb., DM 11,—

HEFT 472
Dipl.-Ing. A. Freitag, Essen-Steele
Verhalten von Katalytstrahlern bei Betrieb mit Luftvormischung zum Gas und der Verbrennung von Luft gegen eine Gasatmosphäre
1958, 44 Seiten, 18 Abb., 1 Tabelle, DM 11,10

HEFT 473
Prof. Dr. phil. F. Wever, Dr.-Ing. W. Lueg und Dipl.-Ing. P. Funke jr. Düsseldorf
Versuche an einer hydraulischen 25 t-Stangenziehbank
1957, 34 Seiten, 11 Abb., DM 8,95

HEFT 474
Dr.-Ing. R. Ibing und Dipl.-Ing. G. Meier, Hannover
Eichung und Entwicklung von Staubentnahmesonden
1958, 32 Seiten, 9 Abb., 2 Tabellen, DM 8,65

HEFT 475
Prof. Dipl.-Ing. W. Sturtzel, Obering. Helm und Dipl.-Ing. Heuser, Duisburg
Systematische Ruderversuche mit einem Schleppkahn und einem Binnenselbstfahrer vom Typ „Gustav Koenigs"
1958, 84 Seiten, 38 Abb., 4 Tabellen, DM 20,10

HEFT 476
Prof. Dipl.-Ing. W. Sturtzel und Dipl.-Ing. Schmidt-Stiebitz, Duisburg
Einfluß der Hinterschiffsform auf das Manövrieren von Schiffen auf flachem Wasser
in Vorbereitung

HEFT 477
Dr. K. Utermann, Dortmund
Freizeitprobleme bei der männlichen Jugend einer Zechengemeinde
1957, 56 Seiten, DM 12,75

HEFT 478
Prof. Dr.-Ing. habil. W. Petersen und Dr.-Ing. S. Wawroschek, Aachen
Brikettierungsversuche zur Erzeugung von Möllerbriketts unter Verwendung von Braunkohle
1957, 102 Seiten, 42 Abb., 6 Tabellen, DM 24,25

HEFT 479
Prof. Dr.-Ing. W. Wegener, Aachen, und Dipl.-Ing. H. Fourné, Bochum
Ursachen des Überschreitens der Toleranzgrenze nach oben oder unten (Meter pro Gramm) an der Strecke
1958, 60 Seiten, 17 Abb., 3 Tabellen, DM 14,60

HEFT 480
Dr. phil. K. Brücker-Steinkuhl, Düsseldorf
Anwendung mathematisch-statistischer Verfahren bei der Fabrikationsüberwachung
in Vorbereitung

HEFT 481
Oberbaurat Dr.-Ing. W. Meyer zur Capellen, Aachen
Fünf- und sechspunktige Geradführung in Sonderlagen des ebenen Gelenkvierecks
in Vorbereitung

HEFT 482
Dipl.-Ing. R. Pels-Leusden und Dr. K. Bergmann, Essen
Die Frostbeständigkeit von Ziegeln; Einflüsse der Materialzusammensetzung und des Brandes
1958, 84 Seiten, 31 Abb., 4 Tab., DM 20,45

HEFT 483
Prof. Dr.-Ing. habil. F. A. F. Schmidt, Aachen
Gemischbildungs-, Selbstzündungs- und Verbrennungsvorgänge als Grundlage für Entwicklungsarbeiten an Gasturbinenbrennkammern
in Vorbereitung

HEFT 484
Prof. Dr. habil. H. E. Schwiete und Dr. G. Schwiete, Aachen
Beitrag zur Struktur des Montmorillonit
in Vorbereitung

HEFT 485
Prof. Dr. phil. E. Jenckel, Aachen, Dr. H. Wilsing, Dormagen, Dr. H. Dörffurt, Wesseling, Bez. Köln und Dipl.-Phys. H. Rinkens, Eschweiler
Kristallisation der Hochpolymeren
in Vorbereitung

HEFT 486
Doz. Dr. med. E. Lerche und Dr. med. J. Schulze, Aachen
Hörermüdung und Adaptation im Tierexperiment
1958, 44 Seiten, 12 Abb., DM 10,55

HEFT 487
Prof. Dipl.-Ing. W. Blume, Duisburg
Festigkeitseigenschaften kombinierter Leichtbaustoffe im Hinblick auf die Verkehrstechnik, insbesondere des Flugzeugbaus
1958, 102 Seiten, 31 Abb., 2 Tabellen, DM 25,50

HEFT 488
Prof. Dr. habil. H. E. Schwiete und Dipl.-Chem. H. Westmark
Beitrag zur Kennzeichnung der Texturen von Schamottesteinen
1958, 62 Seiten, 54 Abb., 7 Tab., DM 16,80

HEFT 489
Dipl.-Math. K. H. Müller
Strenge Lösungen der Navier-Stokes-Gleichung für rotationssymmetrische Strömungen
1957, 64 Seiten, 23 Abb., DM 14,85

HEFT 490
Hauptstelle für Staub- und Silikosebekämpfung des Steinkohlenbergbauvereins, Essen-Rüttenscheid
Zur Staub- und Silikosebekämpfung im Steinkohlenbergbau
in Vorbereitung

HEFT 491
Prof. Dr. Fr. Lotze und K. Kötter, Münster
Chloridgehalte des oberen Emsgebietes und ihre Beziehungen zur Hydrogeologie
in Vorbereitung

HEFT 492
Prof.-Dr. phil. J. Meixner und B. Manz, Aachen
Zur Theorie der irreversiblen Prozesse in α-Eisen
1958, 22 Seiten, 1 Abb., DM 5,70

HEFT 493
Prof. Dr. phil. habil. A. Naumann und Dipl.-Ing. H. Pfeiffer, Aachen
Versuche an Wirbelstraßen hinter Zylindern bei hohen Geschwindigkeiten
1958, 46 Seiten, 19 Abb., DM 11,65

HEFT 494
Dipl.-Ing. W. Rohs und Text.-Ing. Griese, Bielefeld
Entwicklung und Erprobung eines verbesserten elektrischen Kettfadenwächtergeschirrs für die Leinen- und Halbleinenweberei
1957, 56 Seiten, 9 Abb., 11 Tabellen, DM 13,—

HEFT 495
Prof. Dr. phil. E. Asmus und Dr. rer. nat. H.-F. Kurandt, Berlin
Einige analytische Anwendungen der Zincke-Königschen Reaktion
1958, 46 Seiten, 14 Abb., 7 Tabellen, DM 11,45

HEFT 496
Dipl.-Chem. P. Vogel, Krefeld
Färberische Eigenschaften von zur Herstellung von Verdickungen in der Stoffdruckerei bestimmten Stoffen
1957, 38 Seiten, 3 Abb., 3 Tabellen, DM 9,30

HEFT 497
Oberarzt Dr. med. G. Mußgnug, Bottrop
Die Knochenveränderungen und der Knochenstoffwechsel beim Sudeck-Syndrom
1958, 58 Seiten, 18 Abb., DM 13,85

HEFT 498
Prof. Dr.-Ing. H. Zahn und Dr. rer. nat. W. Gerstner, Aachen
Herstellung säurefester technischer Gewebe
1957, 40 Seiten, 8 Tabellen, DM 9,65

HEFT 499
Priv.-Doz. Dr. J. Juilfs, Krefeld
Die Bestimmung des Wasserrückhaltevermögens (bzw. des Quellwertes) von Fasern
1958, 42 Seiten, 8 Abb., 8 Tabellen, DM 10,35

HEFT 500
Priv.-Doz. Dr. J. Juilfs, Krefeld
Vergleichende Untersuchungen am Schopper-Scheuer-prüfgerät
1958, 74 Seiten, 34 Abb., verschied. Tab., DM 18,10

HEFT 501
Dipl.-Ing. W. Rohs und Dr. J. Geurten, Bielefeld
Untersuchungen in der Leinengarnbleiche
1958, 50 Seiten, 5 Abb., 5 Tabellen, DM 11,50

HEFT 502
Prof. Dr. M. Diem und Dr. R. Trappenberg, Karlsruhe
Berechnung der Ausbreitung von Staub und Gas
1957, 200 Seiten, mit zahlreichen Diagr., DM 37,30

HEFT 503
Dr. rer. nat. J. Faßbender, Bonn
Untersuchungen über die Eigenschaften von Cadmiumsulfid-Sandwich-Zellen
1957, 36 Seiten, 8 Abb., DM 8,80

HEFT 504
Prof. Dr. phil. F. Wever, Dr. phil. W. Wink und Dr. rer. nat. W. Jellinghaus, Düsseldorf
Versuchsanordnung zur Messung der Suszeptibilität paramagnetischer Stoffe und Meßergebnisse an Nickel-Chrom- und Kobalt-Nickel-Chrom-Werkstoffen
1958, 38 Seiten, 10 Abb., 2 Tabellen, DM 9,95

HEFT 505
Prof. Dr.-Ing. F. A. F. Schmidt und Dipl.-Ing. H. Heitland, Aachen
Einfluß des Selbstzündungsverhaltens der Kraftstoffe auf den Verbrennungsablauf, Wirkungsgrad und Druckverlust von Hochleistungsbrennkammern
in Vorbereitung

HEFT 506
Prof. Dr.-Ing. W. Meyer zur Capellen, Aachen
Der Flächeninhalt von Koppelkurven. — Ein Beitrag zu ihrem Formenwandel
in Vorbereitung

HEFT 507
Prof. Dr. H. Kaiser, Dr. G. Bergmann und Dr. G. Gresze, Dortmund
Kartei zur Dokumentation in der Molekülspektroskopie
in Vorbereitung

HEFT 508
Dr. H. Schmidt-Ries, Krefeld
Limnologische Untersuchungen des Rheinstromes I (Hydrobiologische und physiographische Untersuchungen)
1958, 76 Seiten, DM 33,90

HEFT 509
Dr. Schmidt-Ries, Krefeld
Limnologische Untersuchungen des Rheinstromes I (Tabellenwerk)
in Vorbereitung

HEFT 510
Prof. Dr. rer. nat. W. Groth und Dr.-Ing. K. Bayerle, Bonn
Anreicherung der Uranisotope nach dem Gaszentrifugenverfahren
1958, 88 Seiten, 43 Abb., DM 21,20

HEFT 511
H. Wahl, G. Kantenwein und W. Schäfer, Essen
Gesteinsbohr-Modellversuche zur Frage des Drehbohrens, Schlagbohrens und Drehschlagbohrens
in Vorbereitung

HEFT 512
Prof. Dr. H. Strassl, Bonn
Azimut-Monogramme für alle Stundenwinkel und Deklinationen im Bereich der geographischen Breiten von —80° bis +80°
in Vorbereitung

HEFT 513
Prof. Dr. W. Schmitz und Dr. rer. F. Schmitt, Mülheim/Ruhr
Die Verwendung des Magnetbandgerätes zur Speicherung des Kurvenverlaufs elektrischer Ströme
1958, 68 Seiten, 35 Abb., DM 17,65

HEFT 514
Dr. rer. nat. M.-E. Meffert, Essen
Die Kultur von Scenedesmus obliquus in Abwasser
1957, 46 Seiten, 7 Abb., 7 Tabellen, DM 10,85

HEFT 515
Prof. Dr. habil. H. E. Schwiete und Dr.-Ing. Chr. Hummel, Aachen
Thermochemische Untersuchungen im System SiO_2 und $Na_2O—SiO_2$
1958, 122 Seiten, 29 Abb., 28 Tabellen, DM 28,00

HEFT 516
Prof. Dr.-Ing. H. Müller, Dipl.-Ing. F. Reinke und Dipl.-Ing. W. Sorgenicht, Essen
Gesamtstrahlungsmessungen der Temperaturstrahlung
in Vorbereitung

HEFT 517
Prof. Dr. med. G. Lehmann und Dr. med. J. Meyer-Delius, Dortmund
Gefäßreaktionen der Körperperipherie bei Schalleinwirkung
1958, 36 Seiten, 12 Abb., DM 9,15

HEFT 518
Dr.-Ing. H. Scheffler, Dortmund
Funktionelle Zusammenhänge der dynamischen Einflußgrößen beim handgeführten Druckluft-Abbauhammer und ihre Berücksichtigung für die Konstruktion rückstoßarmer Hämmer
in Vorbereitung

HEFT 519
Prof. Dr. phil. F. Wever, Dr. phil. W. Koch und Dr. phil. S. Eckhard, Düsseldorf
Die spektrographische Bestimmung der Spurenelemente in Stahl ohne vorherige Abbrennung
1958, 50 Seiten, 22 Abb., DM 12,60

HEFT 520
Prof. Dr.-Ing. H. Opitz, Dipl.-Ing. H. Obrig und Dipl.-Ing. P. Kips, Aachen
Untersuchung neuartiger elektrischer Bearbeitungsverfahren
1958, 58 Seiten, 35 Abb., DM 14,70

HEFT 521
Prof. Dr.-Ing. H. Opitz und Dipl.-Ing. K. E. Schwartz, Aachen
Das Abrichten von Schleifscheiben mit Diamanten
1958, 72 Seiten, 34 Abb., 3 Tabellen, DM 17,15

HEFT 522
J. Lorentz und K. Brocks
Elektrische Meßverfahren in der Geodäsie
1958, 118 Seiten, 49 Abb., 5 Tab., DM 28,—

HEFT 523
K. Eberts
Entwicklungen einiger Meßverfahren und einer Frequenz- und amplitudenstabilisierten Meßeinrichtung zur gleichzeitigen Bestimmung der komplexen Dielektrizitäts- und Permeabilitätskonstante von festen und flüssigen Materialien im rechteckigen Hohlleiter und im freien Raum bei Frequenzen von 9200 und 33000 MHz
1958, 132 Seiten, 37 Abb., DM 30,20

HEFT 524
Dr. rer. nat. S. Lockau, Emlichheim
Versuche zur Gewinnung von Kartoffeleiweiß
1958, 56 Seiten, 2 Abb., DM 12,70

HEFT 525
Prof. Dr. Dr. h.c. H. P. Kaufmann und Dr. F. Weghorst, Münster
Beiträge zur Chemie und Technologie der Fetthärtung I
in Vorbereitung

HEFT 526
Dr. phil. habil. P. Hölemann und Ing. R. Hasselmann, Dortmund
Einfluß der Oberflächenbeschaffenheit der Wandung auf den Ablauf von Azetylenexplosionen
1958, 62 Seiten, 8 Abb., 10 Tabellen, DM 14,50

HEFT 527
Dr. rer. nat. K. G. Müller, Hanau/W.
Wärmeübertragung auf eine Flugstaubströmung im senkrechten Rohr sowie auf eine durchströmte Schüttgutschicht
in Vorbereitung

HEFT 528
Dr. P. Ney und Dr. F. Schwarz, Köln
Physikochemische Grundlagen der Bildsamkeit von Kalken unter Einbeziehung des Begriffs der aktiven Oberfläche
Kristallchemische Betrachtung der Bildsamkeit
1958, 110 Seiten, 34 Abb., 6 Tabellen, DM 26,75

HEFT 529
Dr. phil. G. Riedel, Dortmund
Messung und Regelung des Klimazustandes durch eine die Erträglichkeit für den Menschen anzeigende Klimasonde
1958, 78 Seiten, 35 Abb., DM 17,95

HEFT 530
Prof. Dr. med. O. Graf, Dortmund
Nervöse Belastung im Betrieb — I. Teil: Nachtarbeit und nervöse Belastung
in Vorbereitung

HEFT 531
Prof. Dr.-Ing. habil. K. Krekeler, Dipl.-Ing. H. Verhoeven und Dipl.-Ing. H. Ernenputsch, Aachen
Autogenes Entspannen bei niedrigen Temperaturen
in Vorbereitung

HEFT 532
Prof. Dr.-Ing. habil. K. Krekeler, Dipl.-Ing. H. Verhoeven und Dipl.-Ing. W. Krieweth, Aachen
Schutzgasschweißen mit kontinuierlich abschmelzender Elektrode von niedriglegierten Kohlenstoffstählen (Sigma-Schweißen)
in Vorbereitung

HEFT 533
Prof. Dr.-Ing. H. Opitz und Dipl.-Ing. W. Hölken, Aachen
Untersuchung von Ratterschwingungen an Drehbänken
1958, 84 Seiten, 44 Abb., 2 Tab., DM 19,70

HEFT 534
Oberbergamtsdirektor H. Sanders, Dortmund
Seismische Forschungsarbeiten im Ostteil des Grubenfeldes König Ludwig
in Vorbereitung

HEFT 535
Dr.-Ing. J. Lennertz, Köln
Einfluß des Ausbaugrades und Benutzungsgrades nachrichtentechnischer Einrichtungen auf die Gesamtwirtschaft
in Vorbereitung

HEFT 536
Dr. rer. nat. C. W. Czernin-Chudenitz, Krefeld
Limnologische Untersuchungen des Rheinstromes. — Quantitative Phytoplanktonuntersuchungen
in Vorbereitung

HEFT 537
Dr.-Ing. N. Gössl, Frankfurt/M.
Probleme der Zugförderung im Zusammenhang mit der Ausnutzung der Atom-Energie
in Vorbereitung

HEFT 538
Prof. Dr. K. Hinsberg, Düsseldorf
Reaktion zur Frühdiagnose von Krebserkrankungen
1958, 28 Seiten, 1 Abb., 3 Tabellen, DM 7,00

HEFT 539
Prof. Dr. L. v. Ubisch, Norwegen
Die philogenetischen Symmetrieveränderungen bei den Seeigeln
in Vorbereitung

HEFT 540
Prof. Dr. rer. nat. H. Krebs, Bonn
Die katalytische Aktivierung des Schwefels
in Vorbereitung

HEFT 541
Prof. Dr. O. Schmitz-DuMont, Bonn
Reaktionen in flüssigem Ammoniak zur Gewinnung von 1. Titanylamid, 2. Oxykobalt (III)-amiden, 3. Ammonobasischen Kobalt (III)-benzylaten
in Vorbereitung

HEFT 542
Dr. phil. nat. G. Zapf, Schwelm
Entwicklung eines Verfahrens zur Herstellung von Formteilen aus Sintermessing
in Vorbereitung

HEFT 543
Prof. Dr. phil. habil. H. E. Schwiete, Dr. phil. H. Müller-Hesse und Dipl.-Ing. G. Gelsdorf, Aachen
Einlagerungsversuche an synthetischem Mullit. Teil II
1958, 42 Seiten, 5 Abb., 10 Tab., DM 10,—

HEFT 544
Prof. Dr. phil. habil. H. E. Schwiete, Dr.-Ing. A. K. Bose und Dr. phil. H. Müller-Hesse, Aachen
Die Schmelzphase in Schamottesteinen. — Teil II
in Vorbereitung

HEFT 545
Prof. Dr. phil. habil. H. E. Schwiete, Dr. rer. nat. G. Ziegler und Dipl.-Ing. Ch. Kliesch, Aachen
Thermochemische Untersuchungen über die Dehydration des Montmorillonits
in Vorbereitung

HEFT 546
Prof. Dr.-Ing. K. Leist und K. Graf, Aachen
Vergleich von Gleichdruck- und Verpuffungsgasturbinen
in Vorbereitung

HEFT 547
Prof. Dr.-Ing. K. Leist, K. Graf und D. Stojek, Aachen
Das betriebliche Verhalten von Gasturbinen-Fahrzeugen
in Vorbereitung

WESTDEUTSCHER VERLAG · KÖLN UND OPLADEN

HEFT 548
Prof. Dr.-Ing. K. Leist und J. Weber, Aachen
Spannungsoptische Untersuchungen von Turbinenscheiben mit angefrästen und eingesetzten Schaufeln
in Vorbereitung

HEFT 549
Dr.-Ing. R. Merten, Duisburg
Resonanzanpassung bei einem Tiefpaß
1958, 36 Seiten, 16 Abb., DM 9,—

HEFT 550
Dr. H. Stephan, Bonn
Elektrisches Standhöhenmeßgerät für Flüssigkeiten
1958, 40 Seiten, 13 Abb., 2 Tab., DM 10,10

HEFT 551
Prof. Dr. phil. W. Weizel und Dipl.-Phys. B. Brandt, Bonn
Betriebsbedingungen einer stromstarken Glimmentladung
1958, 68 Seiten, 18 Abb., DM 16,00

HEFT 552
Dr.-Ing. G. Leiber und Dipl.-Ing. D. Schauwinhold, Duisburg-Hamborn
Versuche zur Erzeugung halbberuhigten Stahles
1958, 42 Seiten, 23 Abb., 6 Tabellen, DM 11,30

HEFT 553
Prof. Dr. rer. pol. G. Garbotz und Dipl.-Ing. J. Theiner, Aachen
Untersuchungen der Walzverdichtungsvorgänge auf Lößlehm, Kies und Schotter
in Vorbereitung

HEFT 554
Prof. Dr.-Ing. H. Müller, Essen
Untersuchung von Elektrowärmegeräten für Laienbedienung hinsichtlich Sicherheit und Gebrauchsfähigkeit. — Teil II: Temperaturen an und in schmiegsamen Elektrogeräten
in Vorbereitung

HEFT 555
Prof. Dr. med. H. Elbel und Dipl.-Phys. K. Sellier, Bonn
Der Nachweis kleinster CO-Mengen in Körperflüssigkeiten
1958, 36 Seiten, 12 Abb., DM 9,10

HEFT 556
Prof. Dr. A. Gütgemann und Dr. med. G. Karcher, Bonn
Klinische und experimentelle Untersuchungen mit Hilfe einer künstlichen Niere
1958, 28 Seiten, 4 Abb., DM 7,10

HEFT 557
Dr.-Ing. H. Schiffers, Dipl.-Ing. D. Ammann, Dipl.-Ing. E. Brugger und R. Dicke, Aachen
Härtbarkeit von Gußeisen mit Lamellen- und Kugelgraphit in Abhängigkeit von Zusammensetzung und Gefüge
1958, 44 Seiten, 24 Abb., 1 Tab., DM 11,—

HEFT 558
Dr. phil. C. A. Roos, Aachen
Menschlich bedingte Fehlleistungen im Betrieb und Möglichkeiten ihrer Verringerung
in Vorbereitung

HEFT 559
Prof. Dr. H. E. Schwiete und Dipl.-Chem. R. Gauglitz, Aachen
Die Verflüssigung von Montmorillonitschlämmen
in Vorbereitung

HEFT 560
Prof. Dr. med. J. Vonkennel und Dr. G. Froitzheim, Köln
Zur Prüfung silikonhaltiger Hautschutzsalben
in Vorbereitung

HEFT 561
Prof. Dipl.-Ing. W. Sturtzel und Dr.-Ing. Schmidt-Stiebitz, Duisburg
Verbesserung des Wirkungsgrades von Düsenpropellern durch zusätzlich angeordnete Mischdüsen
in Vorbereitung

HEFT 562
Prof. Dr.-Ing. H. Schenck, Prof. Dr. phil. habil N. G. Schmahl und Dr.-Ing. G. Funke, Aachen
Die Reduzierbarkeit von Eisenerzen
in Vorbereitung

HEFT 563
Dr. D. v. Oppen, Dortmund
Beiträge zur Soziologie der Gemeinde im Ruhrgebiet.— II. Familien in ihrer Umwelt
in Vorbereitung

HEFT 565
Dr. K. Hahn und Dr. R. Mackensen, Dortmund
Beiträge zur Soziologie der Gemeinde im Ruhrgebiet. — IV. Die kommunale Neuordnung des Ruhrgebietes, dargestellt am Beispiel Dortmunds
in Vorbereitung

HEFT 566
Dr. H. Klages, Dortmund
Der Nachbarschaftsgedanke und die nachbarliche Wirklichkeit in der Großstadt
in Vorbereitung

HEFT 567
Dr. rer. nat. K. Sauerwein, Düsseldorf
Anwendungen radioaktiver Isotope in der Technik
in Vorbereitung

HEFT 568
Prof. Dr. Alder, Dipl.-Chem. M. Dollhausen und Dipl.-Chem. M. Tremery, Köln
Über einige neue Reaktionen des Indens
in Vorbereitung

HEFT 569
Dr. phil. habil. P. Hölemann, Ing. R. Hasselmann und J. Strootmann, Düsseldorf
Acetylenverluste an Naßentwicklern
in Vorbereitung

HEFT 570
Prof. Dr.-Ing. habil. K. Krekeler, Dr.-Ing. H. Peukert und Dipl.-Ing. O. Schwarz, Aachen
Kerbempfindlichkeit thermoplastischer Kunststoffe abhängig von der Kerbform und der Beanspruchungstemperatur
in Vorbereitung

HEFT 571
Privatdozent Dr. med. W. Klosterkötter, Münster
Wirkung der Kieselsäure bei der Entstehung der Silikose
1958, 166 Seiten, 98 Abb., DM 41,95

HEFT 572
Dipl.-Kaufmann Dipl.-Volksw. Jean-Baptiste Felten, Köln
Wert und Bewertung ganzer Unternehmungen unter besonderer Berücksichtigung der Energiewirtschaft
in Vorbereitung

HEFT 573
Prof. Dr. phil. F. Wever, Dr. rer. nat. W. Jellinghaus und Dr.-Ing. Toshimori Shuin, Düsseldorf
Gemischt-keramische Sinterwerkstoffe aus Aluminiumoxyd und Eisen oder Eisenlegierungen
in Vorbereitung

HEFT 574
Dr.-Ing. habil. H. Klingelhöffer, München
Trocknungsvorgänge beim Beschichten von Papier und Pappen mit Kunststoffdispersionen
in Vorbereitung

HEFT 575
Prof. Dr. phil. habil. C. Kröger, Aachen
Verkokungsverhalten der Steinkohlenmacerale und ihrer Mischungen
in Vorbereitung

HEFT 576
Prof. Dr. F. Micheel und Dr. H. G. Bussmann, Münster
Untersuchung synthetischer Kohlenhydrat-Eiweißverbindungen mit der Ultracentrifuge bei der Elektrophorese
in Vorbereitung

HEFT 577
S. Ruff u. a.
Untersuchungen zur therapeutischen Anwendung des Sauerstoffmangels
1958, 128 Seiten, 30 Abb., DM 29,10

HEFT 578
G. Fellner
Der Einfluß der Fluggeschwindigkeit auf die Wirtschaftlichkeit von Durch- und Ausstromtriebwerk
in Vorbereitung

HEFT 579
Dipl.-Ing. H. J. Koch, Essen
Untersuchungen über den Abhebedruck von Brenngasen
in Vorbereitung

HEFT 580
Prof. Dr.-Ing. A. Götte und Dipl.-Chem. G. Scholz, Aachen
Unterstützung der Entwässerung von Feinkohle durch chemische Hilfsmittel
in Vorbereitung

HEFT 581
Obermedizinalrat a. D. Dr. med. F. Bassermann, Regensburg
Elektronenoptische Untersuchungen an Ultradünnschnitten des Tuberkulose-Erregers sowie der käsigen Gewebsnekrose und zum Problem des Vorkommens einer mycobakteriellen L-Phase
in Vorbereitung

HEFT 582
Dr. phil. C. A. Roos, Aachen
Arbeitsleistung und Arbeitsgüte
in Vorbereitung

HEFT 583
Prof. Dr. phil. F. Kirchner, Dipl.-Phys. H. Baron und Dipl.-Phys. H. Kirchner, Köln
Verwendbarkeit von Zählrohren zu massenspektrometrischen Untersuchungen
in Vorbereitung

HEFT 584
G. Kroebel, Köln
Maßnahmen der Nachwuchs- und Talentförderung im Deutschen Gewerkschaftsbund
1958, 72 Seiten, DM 16,35

HEFT 585
Dr. phil. M. Simoneit, Köln
Gedanken und Vorschläge zur Auslese technischer Talente
in Vorbereitung

HEFT 586
Dr.-Ing. W. A. Fischer und Dr. rer. nat. A. Hoffmann, Düsseldorf
Verhalten von Eisen- und Stahlschmelzen im Hochvakuum
in Vorbereitung

HEFT 587
Dipl.-Ing. H. Schmidt, Krefeld
Auswirkung der Strömungsverhältnisse in Trommelwaschmaschinen unter besonderer Berücksichtigung des Durchlaufspülens
in Vorbereitung

HEFT 588
Dr.-Ing. W. Wilhelm, Aachen
Untersuchungen über den Einfluß der Auspuffrohrabmessungen auf den Ladungswechsel einer Einzylinder-Zweitakt-Vergasermaschine mit Kurbelkastenspülung
in Vorbereitung

HEFT 589
Prof. Dr. phil. habil. C. Kröger, Aachen
Wärmebedarf der Silikatglasbildung
in Vorbereitung

HEFT 590
Übergabe des Synchro-Zyklotrons an das Institut für Strahlen- und Kernphysik der Universität Bonn am 8. Mai 1957
in Vorbereitung

HEFT 591
Dr. Schairer, Köln
Aufgabe, Struktur und Entwicklung der Stiftungen
in Vorbereitung

HEFT 592
Verein zur Förderung des Forschungsinstituts für Rationalisierung an der Rhein.-Westf. Technischen Hochschule Aachen
Das Forschungsinstitut für Rationalisierung an der Rhein.-Westf. Technischen Hochschule Aachen
in Vorbereitung

HEFT 593
Dr. phil. C. A. Roos, Aachen
Berufseignung und Berufseinsatz — I. Teil
in Vorbereitung

HEFT 594
Prof. Dr. A. Nikuradse, München
Energieabsorption von Atomkernstrahlen in organischen Stoffen und durch sie hervorgerufene Reaktionsprozesse
in Vorbereitung

HEFT 595
Prof. Dr. A. Nikuradse und Dipl.-Phys. K. Kugler, München
Einfluß der molekularen bzw. atomaren Beschaffenheit der Festwandoberflächenschicht auf die Wechselwirkung zwischen auftreffenden Gasmolekülen und der Wand
in Vorbereitung

HEFT 596
Dipl.-Ing. K.-H. Hardieck, Aachen
Theoretische und experimentelle Untersuchungen der stationären Vorgänge in magnetischen Verstärkern
in Vorbereitung

HEFT 597
Prof. Dr. phil. F. Wever, Dr. phil. W. Wink und Dr. rer. nat. W. Jellinghaus, Düsseldorf
Suszeptibilitätsmessungen an hochwarmfesten Legierungen auf Nickel-Chrom- und Kobalt-Nickel-Chrom-Grundlage
in Vorbereitung

HEFT 598
Prof. Dr.-Ing. F. A. F. Schmidt, Aachen
Hydrodynamische und mechanische Gesetzmäßigkeit eines nach dem Scheibenverteilerprinzip arbeitenden Einspritzsystems für Ottomotore
in Vorbereitung

WESTDEUTSCHER VERLAG · KÖLN UND OPLADEN

HEFT 599
Dr. phil. W. Koch und Dipl.-Phys. Dr. phil. H. Sundermann, Düsseldorf
Elektrochemische Grundlagen der Isolierung von Gefügebestandteilen in metallischen Werkstoffen
in Vorbereitung

HEFT 600
Dr. phil. W. Koch, Dr. phil. S. Eckhard und Dr. rer. nat. F. Stricker, Düsseldorf
Die lichtelektrische Spektralanalyse der Gase im Stahl
in Vorbereitung

HEFT 601
W. Barho und E. Stiller, Köln
Die Lage des Technisch-Wissenschaftlichen Nachwuchses und der Technisch-Wissenschaftlichen Hochschulen in der Bundesrepublik
in Vorbereitung

HEFT 602
H. von Stebut, Köln
Die Hochschulen in der Aufwärtsentwicklung Westdeutschlands
in Vorbereitung

HEFT 603
Prof. Dr.-Ing. L. Engel und Dr.-Ing. J. Foerster, Clausthal-Zellerfeld
Gummielastische Stoffe als Dämpfungselemente an schlagenden Werkzeugen
in Vorbereitung

HEFT 604
Dipl.-Ing. H. Gröttrup, Aachen
Studienanalyse halbautomatischer Dokumentationsselektoren
in Vorbereitung

HEFT 605
Ing. L. Bommes, M.-Gladbach
Bestimmung von Leistung und Wirkungsgrad eines Ventilators
in Vorbereitung

HEFT 606
Oberbaurat Prof. Dr.-Ing. W. Meyer zur Capellen, Aachen
Eine Getriebegruppe mit stationärem Geschwindigkeitsverlauf
in Vorbereitung

HEFT 607
Prof. Dr. rer. pol. H. Jecht, Münster
Die Wettbewerbslage der westdeutschen Juteindustrie
in Vorbereitung

HEFT 608
Prof. Dr. habil. W. Linke und Dipl.-Ing. W. Hufschmidt, Aachen
Wärmeübergang bei pulsierender Strömung
in Vorbereitung

HEFT 609
Technisch-Wissenschaftliches Büro für die Bastfaserindustrie, Bielefeld
Verteilung der Bastfasern im Verzugsfeld einer Nadelstabstrecke
1958, 56 Seiten, 10 Abb., 2 Tab., DM 13,45

HEFT 610
Prof. J. W. Korte, Dr.-Ing. P. A. Mäcke und Dipl.-Ing. R. Lapierre
Gestaltung von Straßenverkehrsanlagen
in Vorbereitung

HEFT 611
Dr. R. Schairer, Köln
Aufgaben der Talentförderung
in Vorbereitung

HEFT 612
Dr. H. Bauer, Köln
Der Betrieb als Bildungsfaktor
in Vorbereitung

HEFT 613
Prof. Dr. phil. habil. E. Graeser, Göttingen
Vergleichende Studien über die Art, die Bedeutung und den Erfolg der Ausbildung von Ingenieuren, Mathematikern und Naturwissenschaftlern in der sogenannten Deutschen Demokratischen Republik und in der Bundesrepublik
in Vorbereitung

HEFT 614
Prof. Dr. W. Weltzien, Krefeld
Die Textilforschungsanstalt Krefeld 1920—1958
Ein Bericht zur Einweihung ihres Neubaus Frankenring 2
1958, 100 Seiten, 16 Abb., 23,50

HEFT 615
Prof. Dr. W. Weizel und Duk Hyun Whang, Bonn
Stromverteilung auf der Kathode einer Glimmentladung in Spalten bei hohen Drucken und abseits stehender Anode
in Vorbereitung

HEFT 616
Prof. Dr. W. Weizel und W. Ohlendorf, Bonn
Die Glimmentladung in spaltartigen Entladungsräumen
in Vorbereitung

HEFT 617
Prof. Dipl.-Ing. W. Sturzel und Dr.-Ing. W. Graff, Duisburg
Systematische Untersuchungen von Kleinschiffsformen auf flachem Wasser im unter- und überkritischen Geschwindigkeitsbereich
in Vorbereitung

HEFT 618
Prof. Dipl.-Ing. W. Sturtzel, Dr.-Ing. W. Graff, Duisburg
Untersuchungen der in stehendem und strömendem Wasser festgestellten Änderungen des Schiffswiderstandes durch Druckmessungen
in Vorbereitung

HEFT 619
Prof. Dr. med. O. Graf, Dr. med. Dr. phil. J. Rutenfranz, Dortmund
Zur Frage der Belastung von Jugendlichen
in Vorbereitung

HEFT 620
Dr. rer. nat. D. Horstmann, Düsseldorf
Der Einfluß von Aluminium im Eisen- und im Zinkbad auf den Zinkangriff
in Vorbereitung

HEFT 621
Techn.-Wissensch. Büro für die Bastfaser-Industrie, Bielefeld
Untersuchungen zur Verbesserung des Leinenwebstuhles V
in Vorbereitung

HEFT 622
Prof. Dr. W. Franz, Münster
Theorie der Elektronenbeweglichkeit in Halbleitern
in Vorbereitung

HEFT 623
Dr. phil. C. A. Roos, Aachen
Berufseignung und Berufseinsatz, II. Teil
in Vorbereitung

HEFT 624
Prof. Dr. G. Schmölders, Köln
Progression und Regression
in Vorbereitung

HEFT 625
Prof. Dr.-Ing. habil. W. Petersen und Dr.-Ing. S. Wawroscheck, Aachen
Brikettierungsversuche zur Erzeugung von Möllerbriketts für die Schwelverhüttung
in Vorbereitung

HEFT 626
Deutsches Krankenhaus-Institut e.V., Düsseldorf
Arbeitsabläufe auf Krankenstationen
in Vorbereitung

HEFT 627
Prof. Dr. phil. H. Wurmbach, Bonn
Steuerung von Wachstum und Formbildung
in Vorbereitung

HEFT 628
Prof. Dr.-Ing. E. Siebel, Düsseldorf
Die Ermittlung der Fließkurven von Schraubenwerkstoffen
in Vorbereitung

...idenlenker)
...eschl. des

Tabelle zu e) gehörend!

Kurbel-stellg. Kurbel-winkel $\alpha°$	$b_{tM} = \vec{QO}$ $\overline{QO}$ [mm]	$b_{to} = \vec{OX}$ $\overline{OX}$ [mm]	$b_{tM} + b_{to}$ $QO + OX = QX$ [mm]	OM [mm]	$\frac{b_{tM} + b_{to}}{OM} = \frac{QO+OX}{OM} = \frac{QX}{OM} = \frac{d^2\beta}{dt^2}$ [Längeneinh.]	$\frac{QX}{OM} \cdot \omega^2 = \varepsilon = \frac{d^2\beta}{dt^2} \left[\frac{1}{sec^2}\right]$ **Winkelbeschleunigung** $\varepsilon \left[\frac{1}{sec^2}\right]$ **des Halbstrahls R_2**	$\varepsilon \cdot$ Abstand $M R_1$ = **Tangentialbeschl. des Kugelkopfes auf d. Taum. S.** b_t [m/sec²] = $A_{R_1 \ldots 0}$
0°	77,3	0	77,3	310,6	$\frac{77,3}{310,6}$ = 0,2442	0,2442 · 98596 = 24140 $\frac{1}{sec^2}$	24140 · 0,306 = 7390 $\frac{m}{sec^2}$
15°	75	1	76	310	$\frac{76}{310}$ = 0,245	0,245 · 98596 = 24180 $\frac{1}{sec^2}$	24180 · 0,306 = 7400 $\frac{m}{sec^2}$
30°	67,2	3	70,2	308	$\frac{70,2}{308}$ = 0,2281	0,2281 · 98596 = 22500 $\frac{1}{sec^2}$	22500 · 0,306 = 6895 $\frac{m}{sec^2}$
45°	55,7	4,1	59,8	305,4	$\frac{59,8}{305,4}$ = 0,1955	0,1955 · 98596 = 19280 $\frac{1}{sec^2}$	19280 · 0,306 = 5900 $\frac{m}{sec^2}$
60°	40	4,6	44,6	302,8	$\frac{44,6}{302,8}$ = 0,1475	0,1475 · 98596 = 14550 $\frac{1}{sec^2}$	14550 · 0,306 = 4450 $\frac{m}{sec^2}$
75°	20,7	2,7	23,4	300,8	$\frac{23,4}{300,8}$ = 0,078	0,078 · 98596 = 7200 $\frac{1}{sec^2}$	7200 · 0,306 = 2355 $\frac{m}{sec^2}$
90°	0	0	0	300	0	0 · 98596 = 0	0 · 0,306 = 0 $\frac{m}{sec^2}$
105°	20,7	2,7	23,4	300,8	0,078	7200 $\frac{1}{sec^2}$	2355 $\frac{m}{sec^2}$
120°	40	4,6	44,6	302,8	0,1475	14550 $\frac{1}{sec^2}$	4450 $\frac{m}{sec^2}$
135°	55,7	4,1	59,8	305,4	0,1955	19280 $\frac{1}{sec^2}$	5900 $\frac{m}{sec^2}$
150°	67,2	3	70,2	308	0,2281	22500 $\frac{1}{sec^2}$	6895 $\frac{m}{sec^2}$
165°	75	1	76	310	0,245	24180 $\frac{1}{sec^2}$	7400 $\frac{m}{sec^2}$
180°	77,3	0	77,3	310,6	0,2442	24140 $\frac{1}{sec^2}$	7390 $\frac{m}{sec^2}$

Zeichnerische Ermittelung der Beschleunigung eines Taumelscheiben-Anlenkpunktes (sphärisches Kurbelgetriebe) ersetzt durch ein ebenes Kurbelgetriebe.

a)

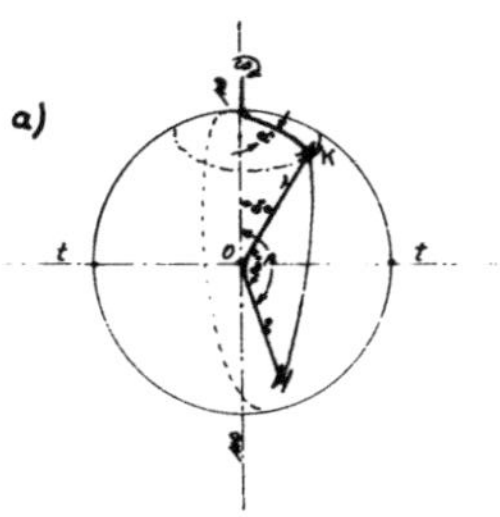

a) Schema eines allgem. sphärischen Kurbeltriebs.

b)

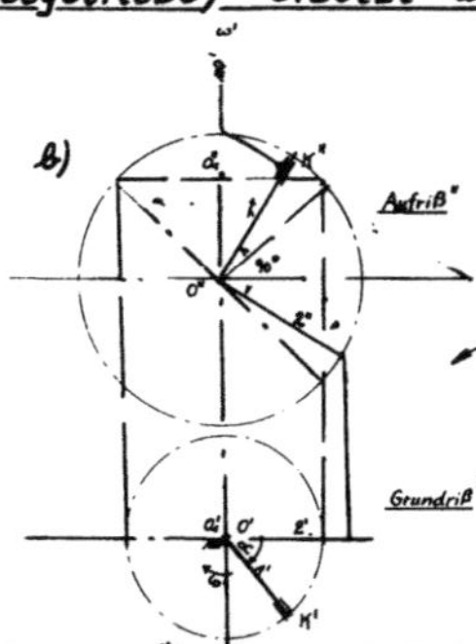

b) Schema eines allgem. sphärischen Kurbeltriebs in Grund- und Aufriß.

c) Verschiebe den Grundriß in den Aufriß, so daß O'≡O'' sich mit O'' deckt. Man erhält somit das gesuchte ebene Ersatzgetriebe d) oben links!

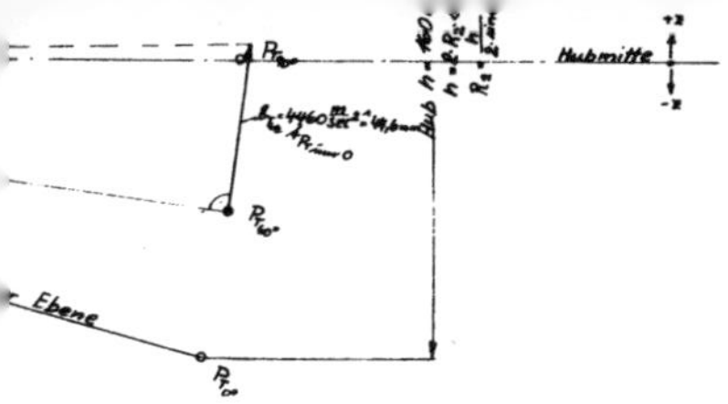

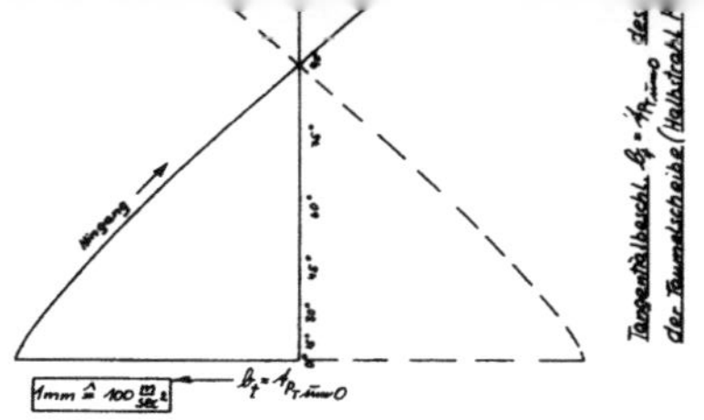

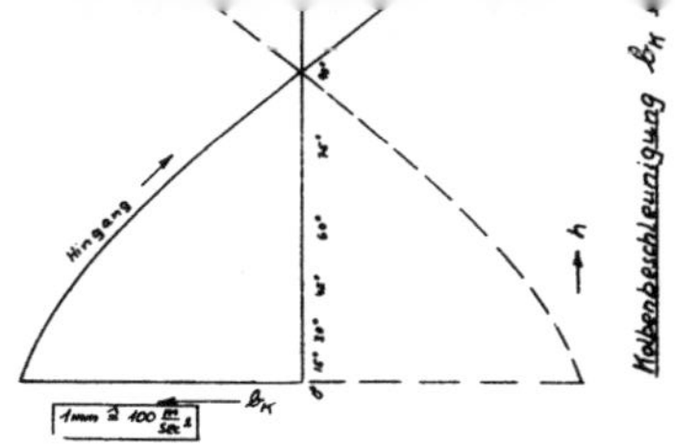

$\cos^2\alpha$	Schrägstellwinkel δ°	$\sin\delta$	$\sin^2\delta$	$\cos\delta$	$\cos^2\delta$	für $\omega_1 = 1\,[\frac{1}{s}]$, $n = 3000\,[\frac{U}{Min}]$ $\frac{h}{2}\cdot\omega^2\cdot\cos\alpha = \frac{0{,}16}{2}\cdot(\frac{\pi\cdot n}{30})^2\cdot\cos\alpha$ $[\frac{m}{sec^2}]$	$(1+2\sin^2\delta\cdot\sin^2\alpha)$	$\cos^2\delta\cdot(1+2\cdot\sin^2\delta\cdot\sin^2\alpha)$	$(1-\sin^2\delta\cdot\sin^2\alpha)$	$(1-\sin^2\delta\cdot\sin^2\alpha)^{5/2}$	$\frac{\cos^2\delta(1+2\sin^2\delta\cdot\sin^2\alpha)}{(1-\sin^2\delta\cdot\sin^2\alpha)^{5/2}}$	Beschl. des Schiebers S_2S_3 = Kolbenbeschleunigung b_K für Anlenkpunkt G = B: $\frac{d^2z}{dt^2} = \frac{h}{2}\cdot\omega^2\cos\alpha\,\frac{\cos^2\delta(1+2\sin^2\delta\cdot\sin^2\alpha)}{(1-\sin^2\delta\cdot\sin^2\alpha)^{5/2}}$
1	15°	0,2588	0,0671	0,9659	0,934	7887 · 1 = 7887	1+2·0,0671·0 = 1	0,934 · 1 = 0,934	1−0,067·0 = 1	$1^{5/2}$ = 1	$\frac{0,934}{1}$ = 0,934	7887 · 0,934 = 7340 $\frac{m}{sec^2}$
0,9340	15°	0,2588	0,0671	0,9659	0,934	7887·0,959 = 7545	1+2·0,0671·0,0671 = 1,009	0,934 · 1,009 = 0,942	1−0,0671·0,0671 = 0,99548	$0,99548^{5/2}$ = 0,98872	$\frac{0,942}{0,98872}$ = 0,943	7545 · 0,943 = 7050 $\frac{m}{sec^2}$
0,75	15°	0,2588	0,0671	0,9659	0,934	7887·0,866 = 6830	1+2·0,0671·0,25 = 1,025	0,934 · 1,025 = 0,958	1−0,0671·0,25 = 0,98322	$0,98322^{5/2}$ = 0,95859	$\frac{0,958}{0,95859}$ = 1	6830 · 1 = 6830 $\frac{m}{sec^2}$
0,5	15°	0,2588	0,0671	0,9659	0,934	7887·0,7071 = 5570	1+2·0,0671·0,5 = 1,0672	0,934 · 1,0672 = 0,995	1−0,0671·0,5 = 0,96650	$0,96650^{5/2}$ = 0,9183	$\frac{0,995}{0,9183}$ = 1,081	5570 · 1,08 = 6030 $\frac{m}{sec^2}$
0,25	15°	0,2588	0,0671	0,9659	0,934	7887 · 0,5 = 3940	1+2·0,0671·0,75 = 1,1006	0,934 · 1,1006 = 1,03	1−0,0671·0,75 = 0,94960	$0,94960^{5/2}$ = 0,8787	$\frac{1,03}{0,8787}$ = 1,172	3940 · 1,172 = 4630 $\frac{m}{sec^2}$
0,0671	15°	0,2588	0,0671	0,9659	0,934	7887·0,2588 = 2040	1+2·0,0671·0,934 = 1,1252	0,934 · 1,1252 = 1,05	1−0,0671·0,934 = 0,9373	$0,93730^{5/2}$ = 0,8505	$\frac{1,05}{0,8505}$ = 1,1235	2040 · 1,195 = 2520 $\frac{m}{sec^2}$
0	15°	0,2588	0,0671	0,9659	0,934	7887 · 0 = 0	1+2·0,0671·1 = 1,1342	0,934 · 1,1342 = 1,055	1−0,0671·1 = 0,9329	$0,9329^{5/2}$ = 0,8387	$\frac{1,055}{0,8387}$ = 1,126	0 · 1,126 = 0 $\frac{m}{sec^2}$
0,0671	15°	0,2588	0,0671	0,9659	0,934	2040	1,1252	1,05	0,9373	0,8505	1,1235	2520 $\frac{m}{sec^2}$
0,25	15°	0,2588	0,0671	0,9659	0,934	3940	1,1006	1,03	0,94960	0,8787	1,172	4630 $\frac{m}{sec^2}$
0,5	15°	0,2588	0,0671	0,9659	0,934	5570	1,0672	0,995	0,96650	0,9183	1,081	6030 $\frac{m}{sec^2}$
0,75	15°	0,2588	0,0671	0,9659	0,934	6830	1,025	0,958	0,98322	0,95859	1	6830 $\frac{m}{sec^2}$
0,9340	15°	0,2588	0,0671	0,9659	0,934	7545	1,009	0,942	0,99548	0,98872	0,943	7050 $\frac{m}{sec^2}$
1	15°	0,2588	0,0671	0,9659	0,934	7887	1	0,934	1	1	0,934	7340 $\frac{m}{sec^2}$

Beschleunigungsplan III als ebenes Problem.

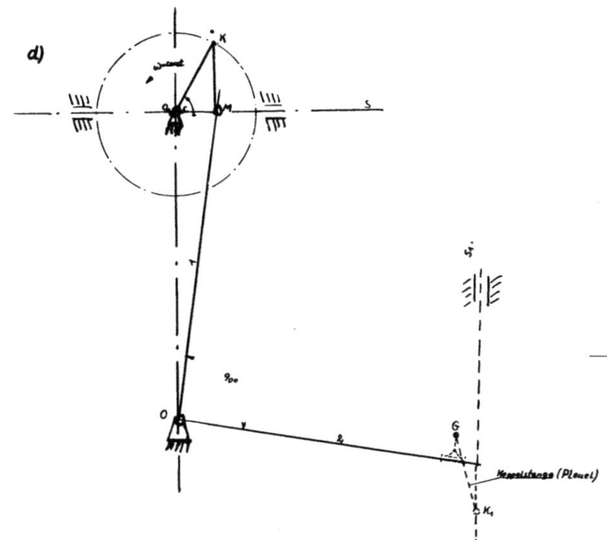

d) Ebenes Ersatzgetriebe für den sphärischen Kurbeltrieb.

Das Gelenk G, (auf od. außerhalb Halbstrahl 2 ≡ Taumelscheiben-Kugelkopf) die Koppel- oder Pleuelstange und das Gelenk K_1 am Schieber S_1S_1 ≡ Kolben sind eine Erweiterung. (gestrichelt gez.) und liegen hier im Endlichen.
Der Öffnungswinkel zwischen Halbstrahl 1 u. 2 muß $\frac{\pi}{2}$ = 90° sein, um den sphärischen Kurbeltrieb durch einen ebenen ersetzen zu können. Da Halbstrahl 1 u. 2 ein festes Gebilde mit 90°, so ist die Drehbewegung von 1 und 2 um O die gleiche, es genügt somit die Winkelbeschleunigung des Halbstrahls 1 zu ermitteln. (siehe Ersatzgetriebe e und Hauptfigur u. Tabelle oben rechts!)

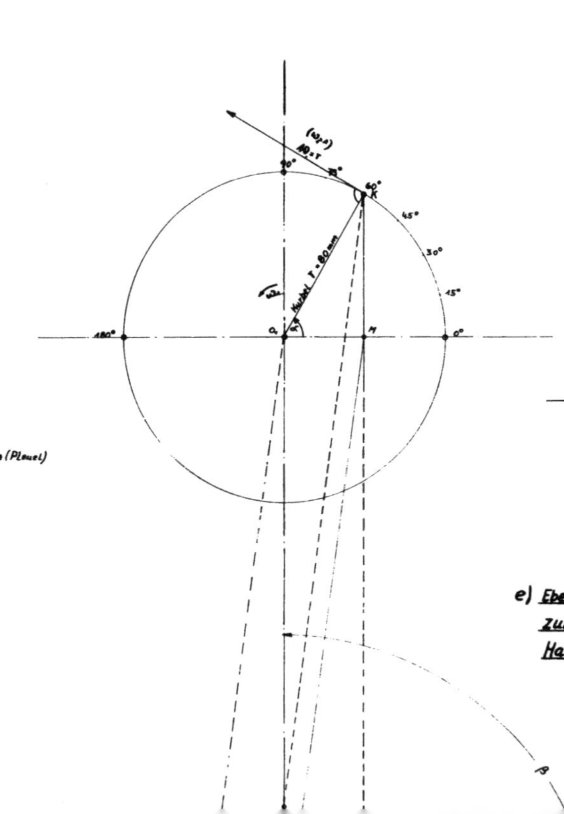

e) Ebenes Ersatzgetriebe (Kon
zur Ermittelung der Winke
Halbstrahls 1 ≡ 2

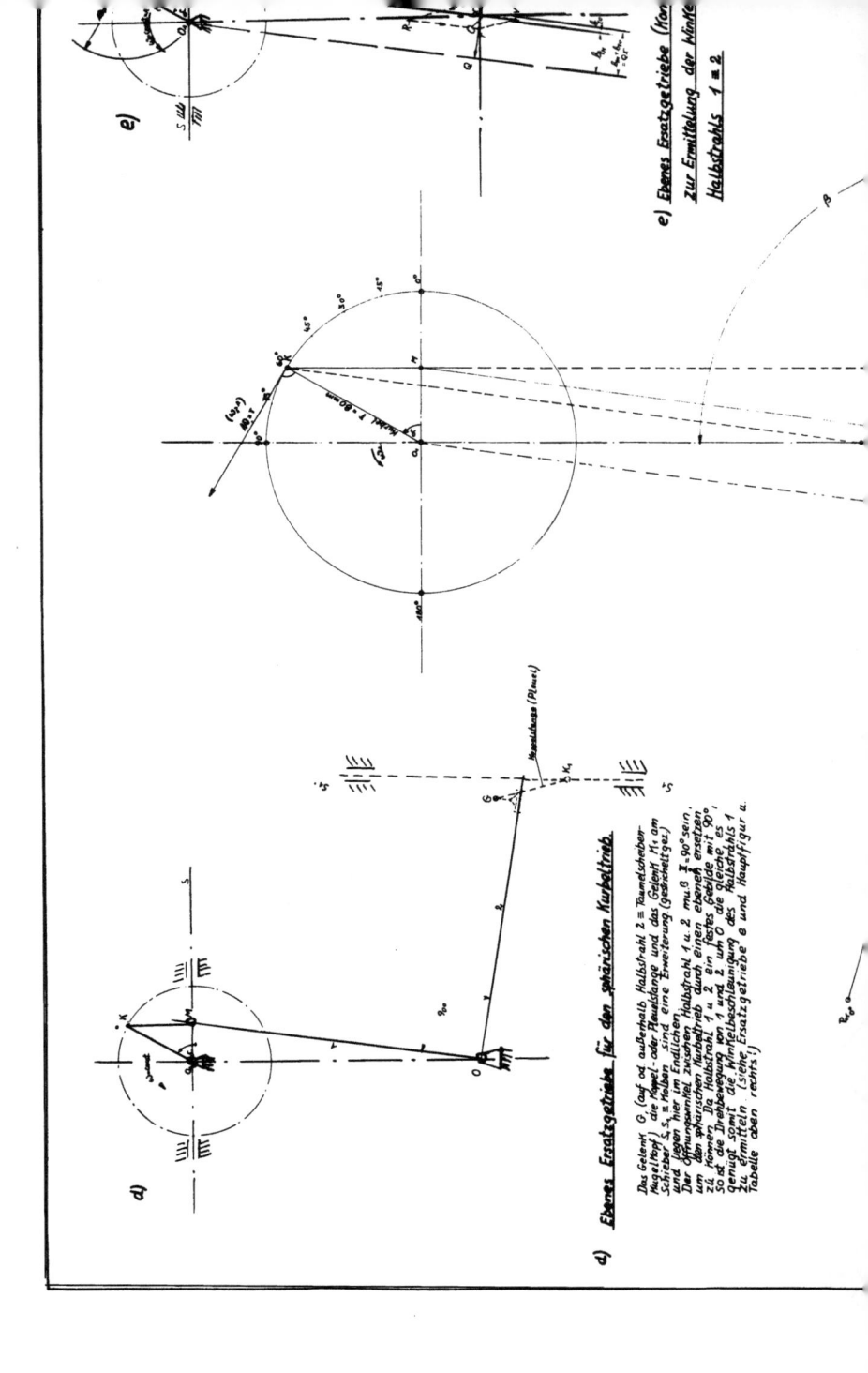

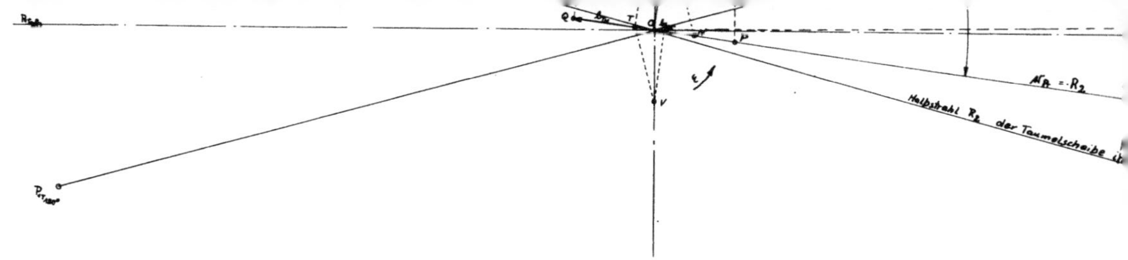

f)

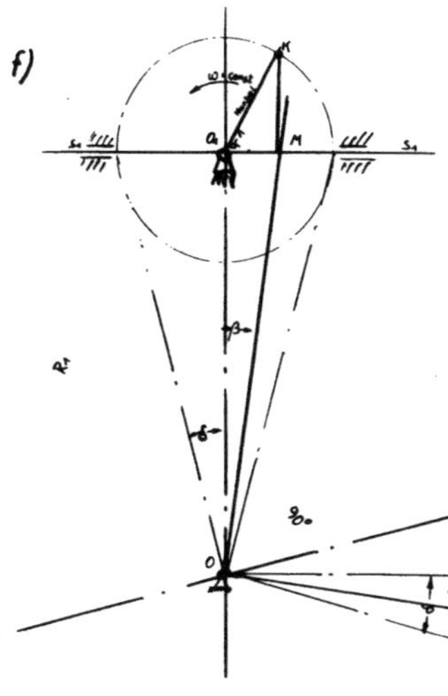

f) <u>**Ebenes Ersatzgetriebe mit Gelenkpunkt K_1 im Unendlichen.**</u>

Die Ermittelung der Winkelbeschl. des Gelenkpunktes G um O (Kugelkopf der Taumelscheibe) wie oben für Halbstrahl R_2 bezw R_1

Das Bewegungsgesetz für das Stangenglied S_1S_2 (=Kolben) u. ω=const. lautet:

<u>Weg:</u> $$z = \frac{-R_2 \cdot \sin\delta \cdot \cos\alpha}{\sqrt{(1-\sin^2\delta \cdot \sin^2\alpha)}} = \frac{-h \cdot \cos\alpha}{2 \cdot \sqrt{(1-\sin^2\delta \cdot \sin^2\alpha)}}$$

<u>Geschw.:</u> $$\frac{dz}{dt} = \frac{h}{2} \cdot \omega \cdot \sin\alpha \cdot \frac{\cos^2\delta}{(1-\sin^2\delta \cdot \sin^2\alpha)^{3/2}}$$

<u>Beschl.:</u> $$\frac{d^2z}{dt^2} = \frac{h}{2} \cdot \omega^2 \cdot \cos\alpha \cdot \frac{\cos^2\delta \cdot (1+2 \cdot \sin^2\delta \cdot \sin^2\alpha)}{(1-\sin^2\delta \cdot \sin^2\alpha)^{5/2}}$$ <u>**Tabelle →**</u>

wobei $h = 2 \cdot R_2 \cdot \sin\delta$

z zählt von Hubmitte ab.

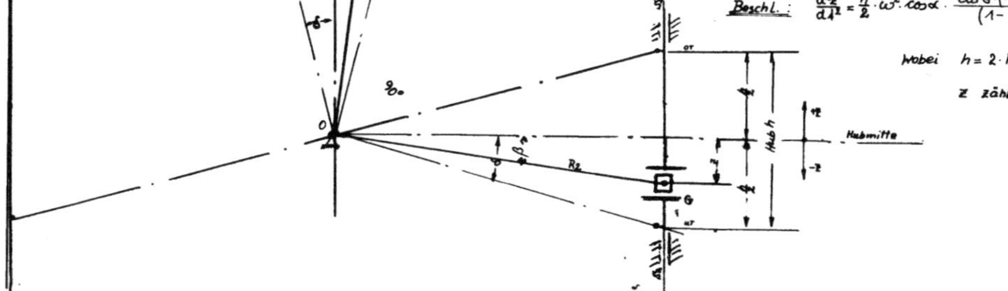

Tabelle zu f) gehörend

Kurbel-stellg. Kurbel-winkel $\alpha°$	$\sin\alpha$	$\sin^2\alpha$	co…
0°	0	0	
15°	0,2588	0,0671	0,9…
30°	0,5	0,25	0,…
45°	0,7071	0,5	0,…
60°	0,866	0,75	
75°	0,9659	0,934	0,…
90°	1	1	
105°	0,9659	0,934	0,…
120°	0,866	0,75	0,…
135°	0,7071	0,5	0,…
150°	0,5	0,25	0,…
165°	0,2588	0,0671	0,9…
180°	0	0	

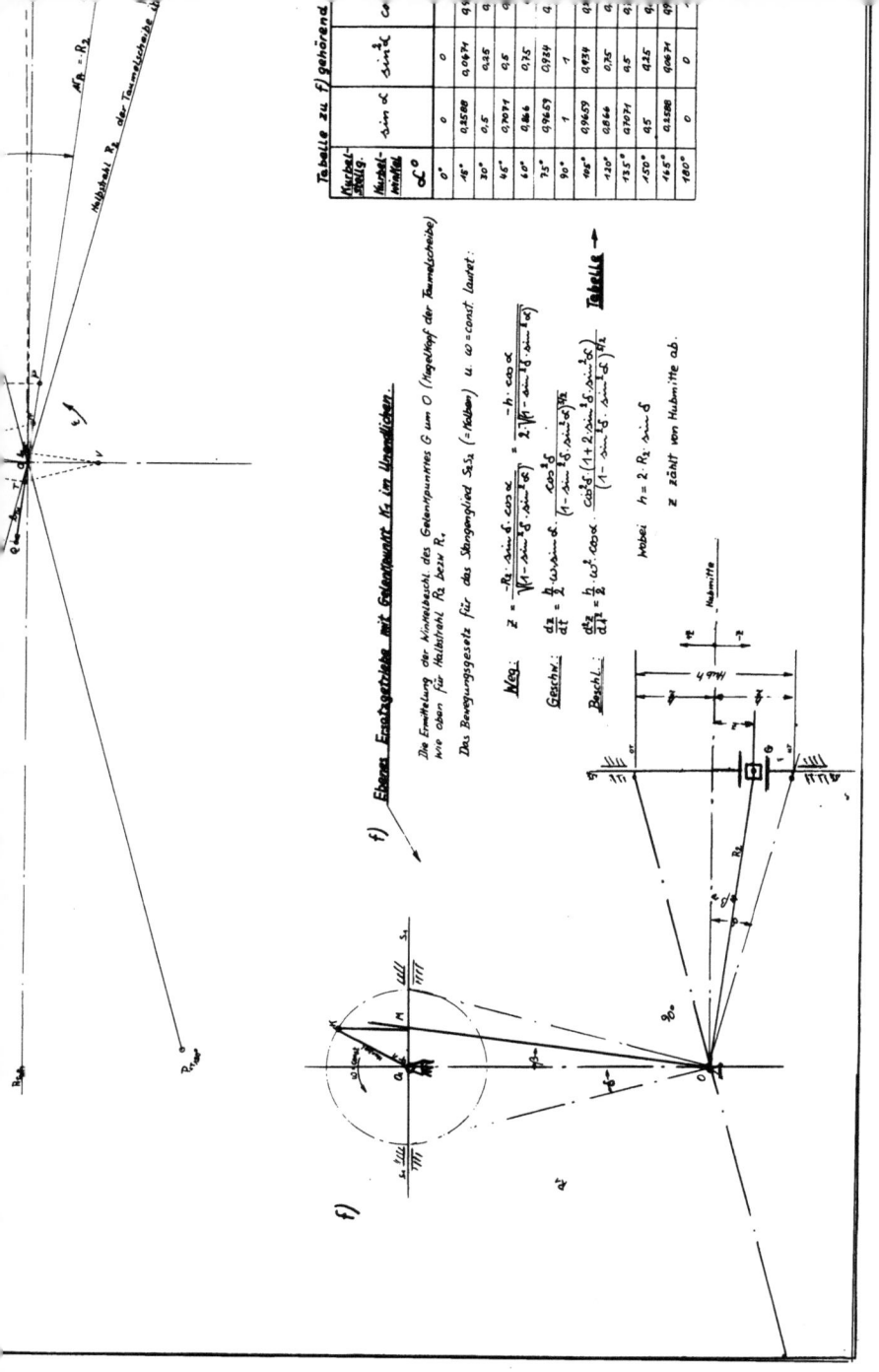

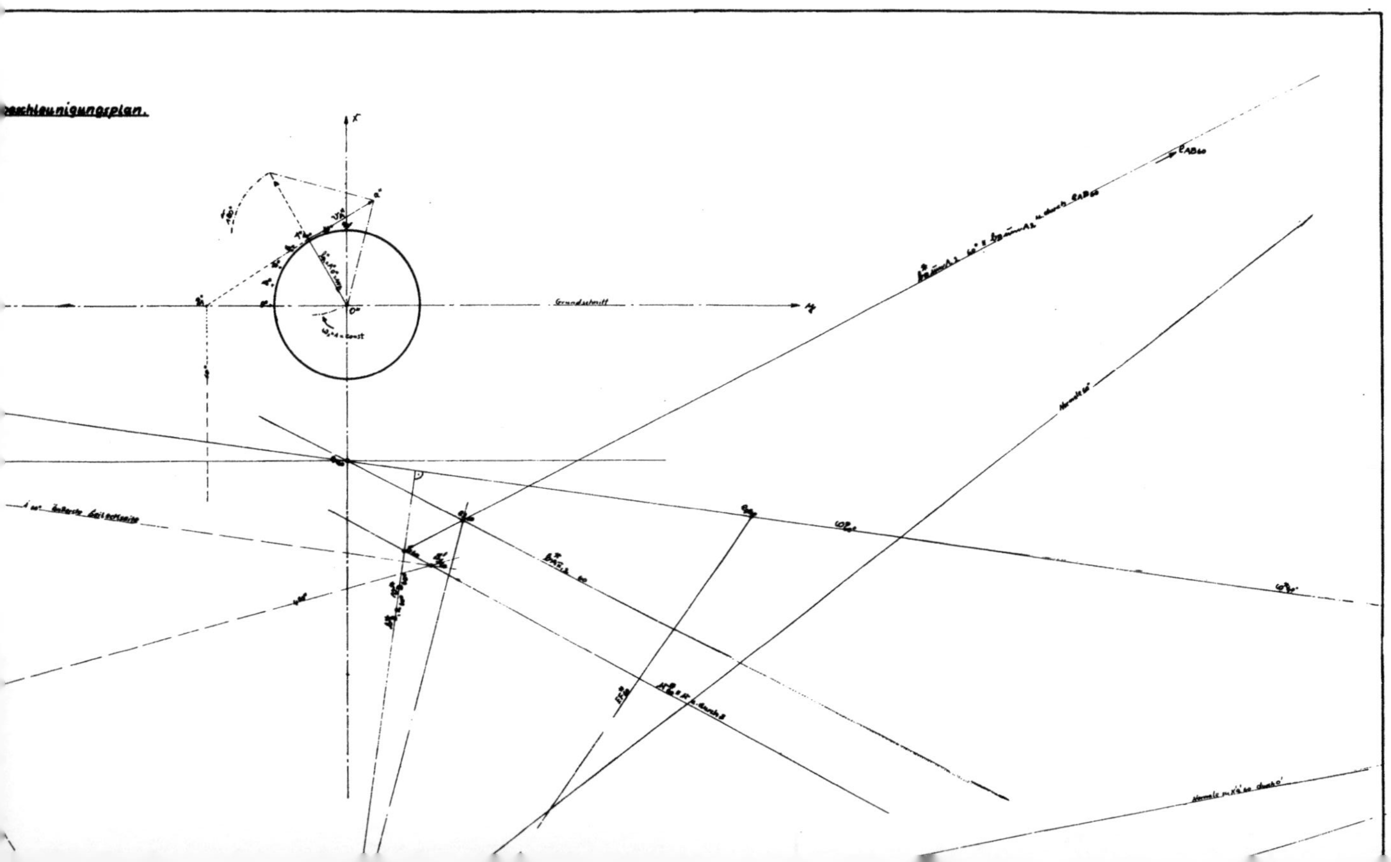

schleunigungsplan.
Grundschnitt

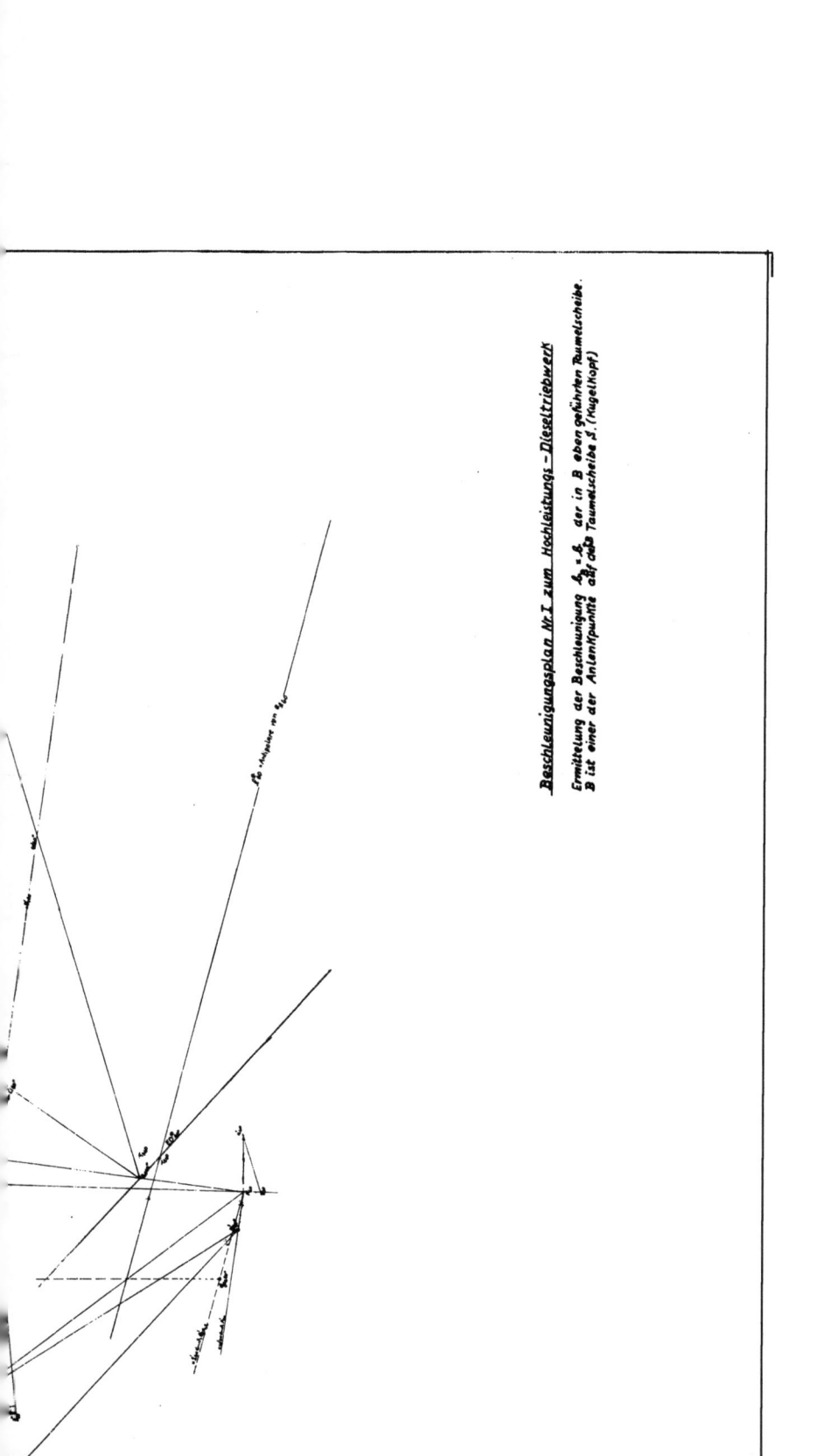

Beschleunigungsplan Nr. I zum Hochleistungs-Dieseltriebwerk

Ermittelung der Beschleunigung $b_B = b$ der in B eben geführten Taumelscheibe.
B ist einer der Anlenkpunkte auf der Taumelscheibe S. (Kugelkopf)

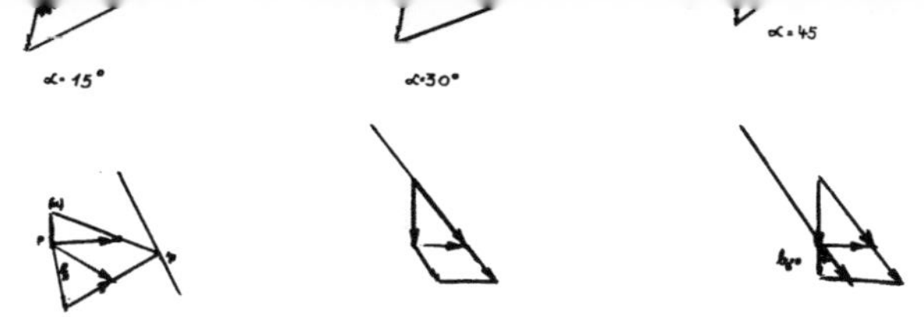

α = 15°   α = 30°   α = 45

α = 60°   α = 75°   α = 90°

b) Nebenbeschleunigungs-Pläne. (Resultierende $b_B = b_{t_B}$)
1mm ≙ 200 [m/sek²]

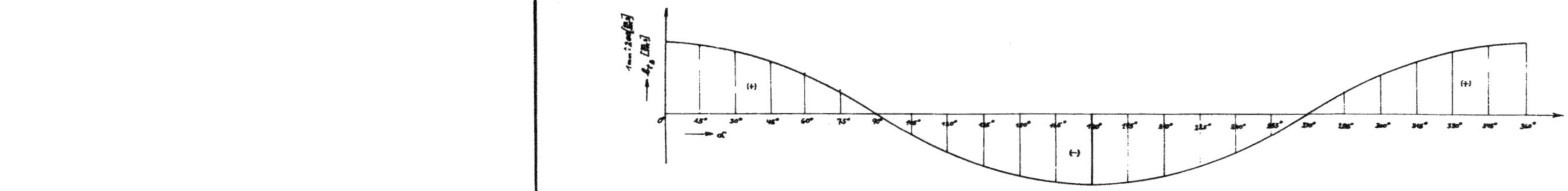

Verlauf der Beschleunigung $b_B = b_t$ des eben geführten Taumelscheiben-Anlenkpunktes B (Kugelkopf) über Kurbelweg während einer Wellenumdrehung.

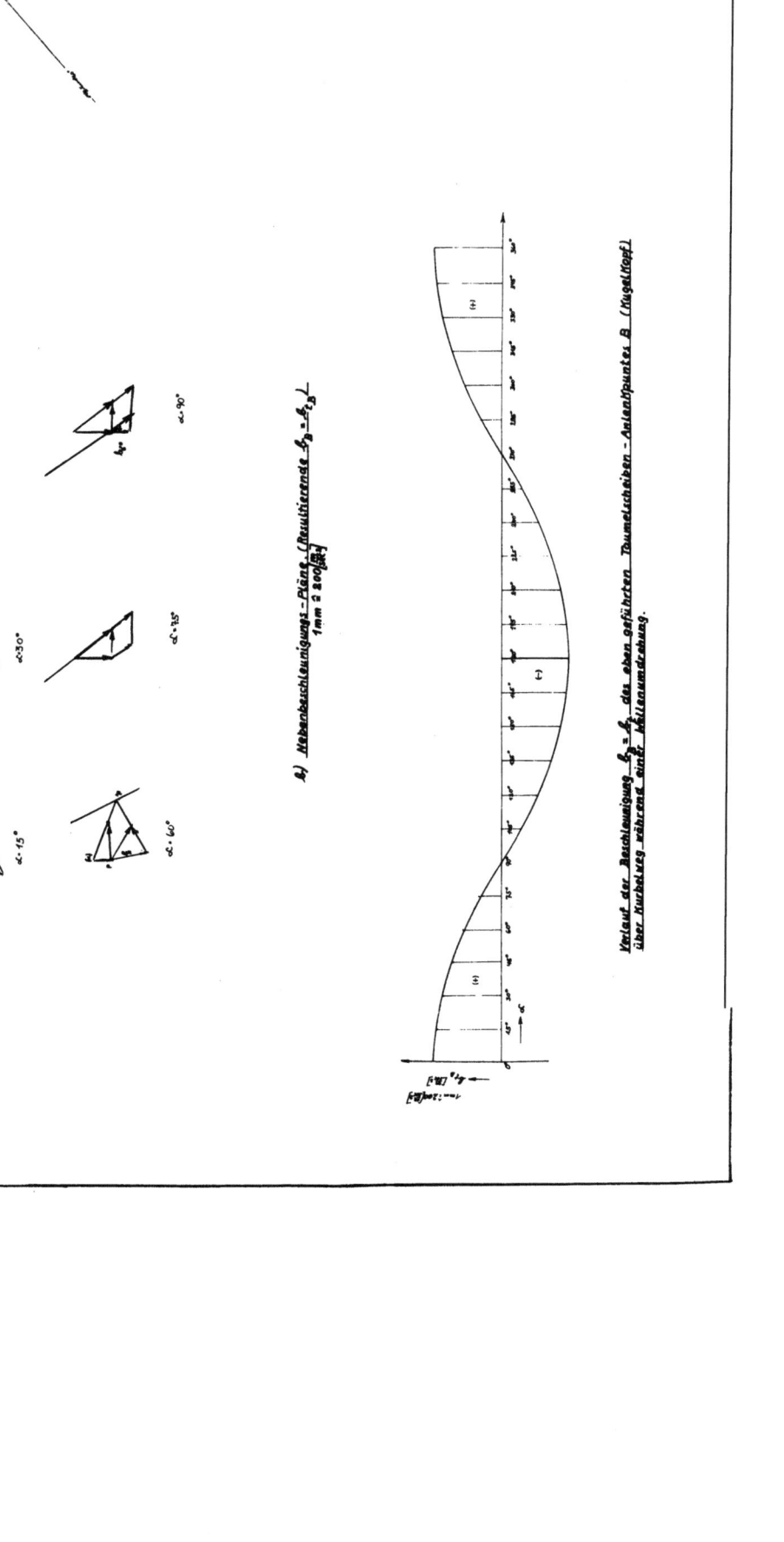

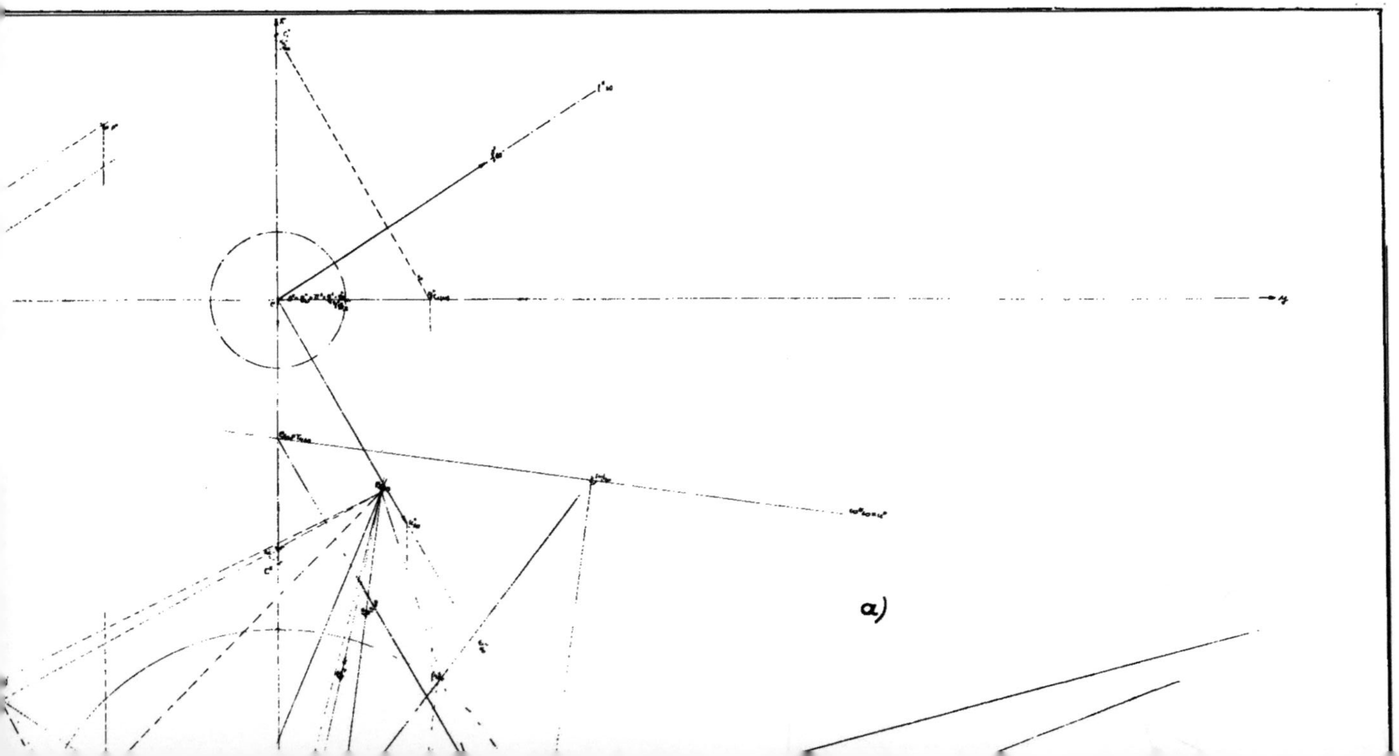

a)

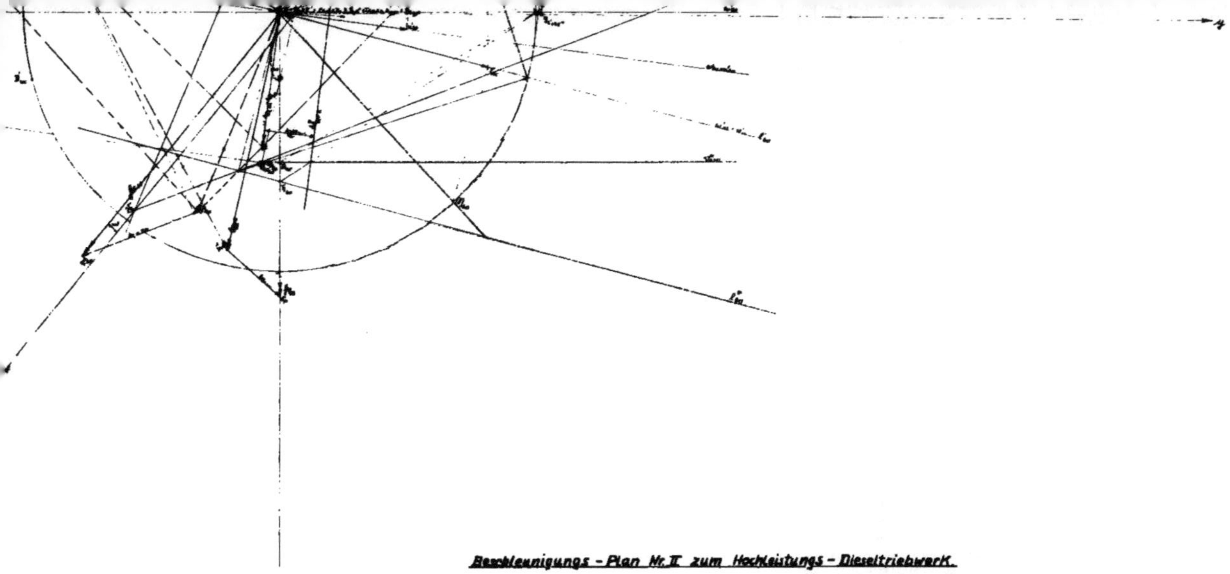

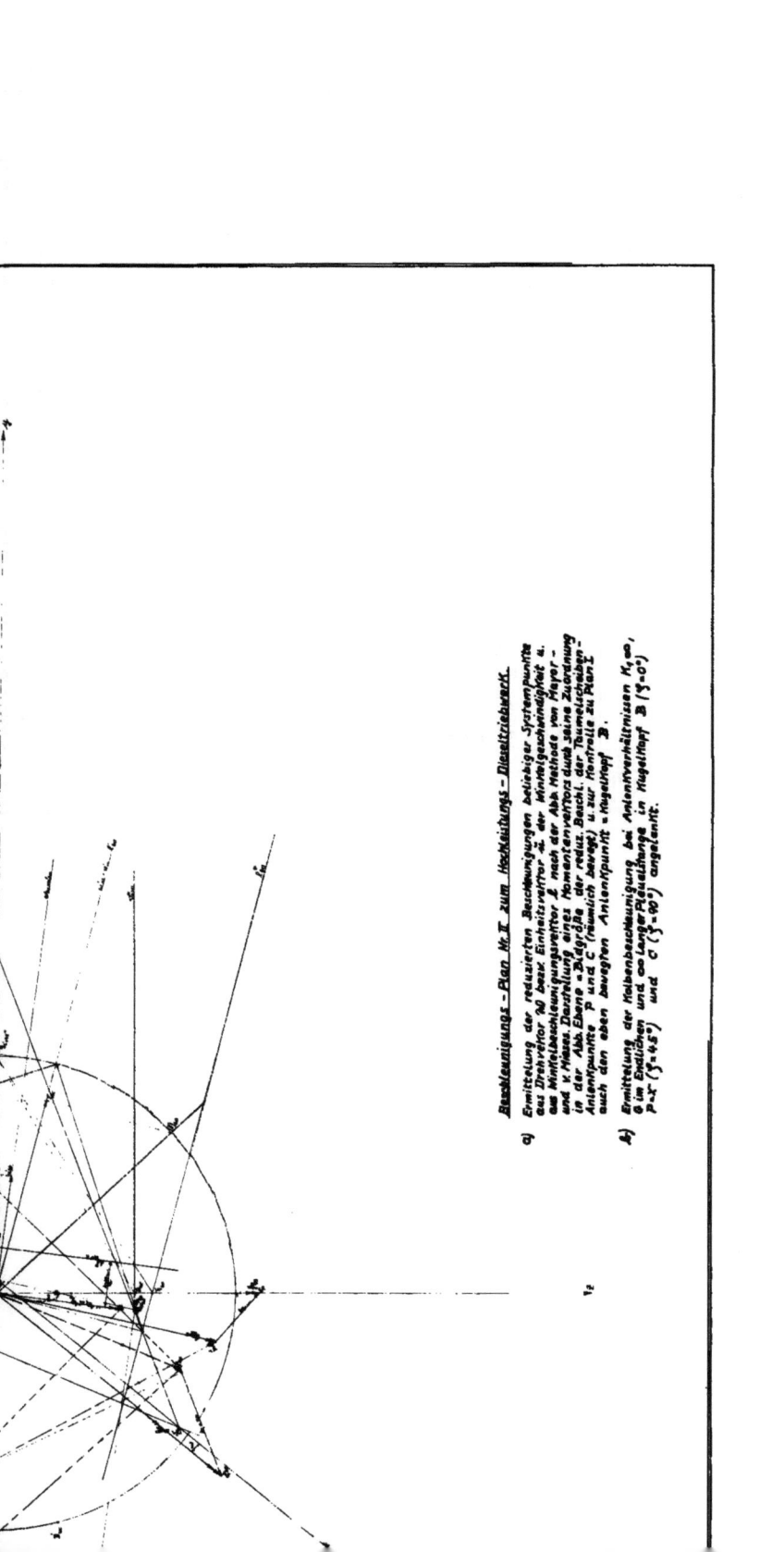

Beschleunigungs - Plan Nr. II zum Hochleistungs - Dieseltriebwerk.

a) Ermittelung der reduzierten Beschleunigungen beliebiger Systempunkte aus Drehvektor $\mathfrak{w}$ bezw. Einheitsvektor $\mathfrak{u}$ der Winkelgeschwindigkeit u. aus Winkelbeschleunigungsvektor $\mathfrak{l}$ nach der Abb. Methode von Mayor - und v. Mises. Darstellung eines Momentenvektors durch seine Zuordnung in der Abb. Ebene = Bildgröße der reduz. Beschl. der Taumelscheiben-Anlenkpunkte P und C (räumlich bewegt) u. zur Kontrolle zu Plan I auch den eben bewegten Anlenkpunkt = Kugelkopf B.

b) Ermittelung der Kolbenbeschleunigung bei Anlenkverhältnissen K, ∞, G im Endlichen und ∞ langer Pleuelstange in Kugelkopf B ($\zeta = 0°$) P = X ($\zeta = 45°$) und C ($\zeta = 90°$) angelenkt.

Zylinder-Winkel	Kurbelstellung α°	Schränkwinkel δ	sin δ	sin²δ	sin 2δ	cos δ	cos²δ	cos α	cos²α	Anlenkpunkt auf Kurvenscheibe	sin α	sin²α	-cos ζ	sin ζ	(-cos ζ·cos δ·cos α)	(1+2·sin²δ·sin²α)	-sin ζ·sin α	[illegible]	2(1-sin²δ sin²α)	Für: n = 3000, R_k = 30 mm; $-R_k\omega^2 \sin 2\delta$	Kolbenbeschleunigung = Beschl. d. Pkt. G [m/sec²]
0°	0°	15°	0,2588	0,0671	0,5	0,9659	0,934	1	1	B	0	0	-1	0	-0,9659	1	0	0,7998	2	-15085,2	= +7286 [m/sec²]
0°	15°	15°	0,2588	0,0671	0,5	0,9659	0,934	0,9659	0,9340	B	0,2588	0,0671	-1	0	-0,934	1,009	0	0,8087	1,97744	-15085,2	= 7140 [m/sec²]
0°	30°	15°	0,2588	0,0671	0,5	0,9659	0,934	0,866	0,75	B	0,5	0,25	-1	0	-0,837	1,025	0	0,83335	1,91748	-15085,2	= 6765 [m/sec²]
0°	45°	15°	0,2588	0,0671	0,5	0,9659	0,934	0,7071	0,5	B	0,7071	0,5	-1	0	-0,682	1,0672	0	0,8669	1,8366	-15085,2	= 6000 [m/sec²]
0°	60°	15°	0,2588	0,0671	0,5	0,9659	0,934	0,5	0,25	B	0,866	0,75	-1	0	-0,483	1,1006	0	0,90045	1,7574	-15085,2	= 4580 [m/sec²]
0°	75°	15°	0,2588	0,0671	0,5	0,9659	0,934	0,2588	0,0671	B	0,9659	0,934	-1	0	-0,25	1,1252	0	0,925	1,7040	-15085,2	= 2495 [m/sec²]
0°	90°	15°	0,2588	0,0671	0,5	0,9659	0,934	0	0	B	1	1	-1	0	0	1,1342	0	0,934	1,6774	-15085,2	= 0 [m/sec²]
0°	105°	15°	0,2588	0,0671	0,5	0,9659	0,934	-0,2588	0,0671	B	0,9659	0,934	-1	0	+0,25	1,1252	0	0,925	1,7010	-15085,2	= -2495 [m/sec²]
0°	120°	15°	0,2588	0,0671	0,5	0,9659	0,934	-0,5	0,25	B	0,866	0,75	-1	0	+0,483	1,1006	0	0,90045	1,7574	-15085,2	= -4580 [m/sec²]
0°	135°	15°	0,2588	0,0671	0,5	0,9659	0,934	-0,7071	0,5	B	0,7071	0,5	-1	0	+0,682	1,0672	0	0,8669	1,8366	-15085,2	= -6000 [m/sec²]
0°	150°	15°	0,2588	0,0671	0,5	0,9659	0,934	-0,866	0,75	B	0,5	0,25	-1	0	+0,837	1,025	0	0,83335	1,91748	-15085,2	= -6765 [m/sec²]
0°	165°	15°	0,2588	0,0671	0,5	0,9659	0,934	-0,9659	0,9340	B	0,2588	0,0671	-1	0	+0,934	1,009	0	0,8087	1,97744	-15085,2	= -7140 [m/sec²]
0°	180°	15°	0,2588	0,0671	0,5	0,9659	0,934	-1	1	B	0	0	-1	0	+0,9659	1	0	0,7998	2	-15085,2	= -7286 [m/sec²]
45°	0°	15°	0,2588	0,0671	0,5	0,9659	0,934	1	1	P=X	0	0	-0,7071	+0,7071	-0,6829	1	0	0,7998	2	-15085,2	= 5151 [m/sec²]
45°	15°	15°	0,2588	0,0671	0,5	0,9659	0,934	0,9659	0,9340	P=X	0,2588	0,0671	-0,7071	0,7071	-0,6592	1,009	-0,1825	0,8087	1,97744	-15085,2	= 6240 [m/sec²]
45°	30°	15°	0,2588	0,0671	0,5	0,9659	0,934	0,866	0,75	P=X	0,5	0,25	-0,7071	0,7071	-0,592	1,025	-0,353	0,83335	1,91748	-15085,2	= 7540 [m/sec²]
45°	45°	15°	0,2588	0,0671	0,5	0,9659	0,934	0,7071	0,5	P=X	0,7071	0,5	-0,7071	0,7071	-0,483	1,0672	-0,5	0,8669	1,8366	-15085,2	= 7900 [m/sec²]
45°	60°	15°	0,2588	0,0671	0,5	0,9659	0,934	0,5	0,25	P=X	0,866	0,75	-0,7071	0,7071	-0,341	1,1006	-0,613	0,90045	1,7574	-15085,2	= 7630 [m/sec²]
45°	75°	15°	0,2588	0,0671	0,5	0,9659	0,934	0,2588	0,0671	P=X	0,9659	0,934	-0,7071	0,7071	-0,1765	1,1252	-0,684	0,925	1,7010	-15085,2	= 7350 [m/sec²]
45°	90°	15°	0,2588	0,0671	0,5	0,9659	0,934	0	0	P=X	1	1	-0,7071	0,7071	≈ 0	1,1342	-0,7071	0,934	1,6774	-15085,2	= 5946 [m/sec²]
45°	105°	15°	0,2588	0,0671	0,5	0,9659	0,934	-0,2588	0,0671	P=X	0,9659	0,934	-0,7071	0,7071	+0,1765	1,1252	-0,684	0,925	1,7040	-15085,2	= 3660 [m/sec²]
45°	120°	15°	0,2588	0,0671	0,5	0,9659	0,934	-0,5	0,25	P=X	0,866	0,75	-0,7071	0,7071	+0,341	1,1006	-0,613	0,90045	1,7574	-15085,2	= 1800 [m/sec²]
45°	135°	15°	0,2588	0,0671	0,5	0,9659	0,934	-0,7071	0,5	P=X	0,7071	0,5	-0,7071	0,7071	+0,483	1,0672	-0,5	0,8669	1,8366	-15085,2	= -670 [m/sec²]
45°	150°	15°	0,2588	0,0671	0,5	0,9659	0,934	-0,866	0,75	P=X	0,5	0,25	-0,7071	0,7071	+0,592	1,025	-0,353	0,83335	1,91748	-15085,2	= -2450 [m/sec²]
45°	165°	15°	0,2588	0,0671	0,5	0,9659	0,934	-0,9659	0,9340	P=X	0,2588	0,0671	-0,7071	0,7071	+0,6592	1,009	-0,1825	0,8087	1,97744	-15085,2	= -3940 [m/sec²]
45°	180°	15°	0,2588	0,0671	0,5	0,9659	0,934	-1	1	P=X	0	0	-0,7071	0,7071	+0,6829	1	0	0,7998	2	-15085,2	= -5150 [m/sec²]
90°	0°	15°	0,2588	0,0671	0,5	0,9659	0,934	1	1	C	0	0	-0	1	0	1	0	0,7998	2	-15085,2	= 0 [m/sec²]
90°	15°	15°	0,2588	0,0671	0,5	0,9659	0,934	0,9659	0,9340	C	0,2588	0,0671	0	1	0	1,009	-0,2588	0,8087	1,97744	-15085,2	= 1595 [m/sec²]
90°	30°	15°	0,2588	0,0671	0,5	0,9659	0,934	0,866	0,75	C	0,5	0,25	0	1	0	1,025	-0,5	0,83335	1,91748	-15085,2	= 3180 [m/sec²]
90°	45°	15°	0,2588	0,0671	0,5	0,9659	0,934	0,7071	0,5	C	0,7071	0,5	0	1	0	1,0672	-0,7071	0,8669	1,8366	-15085,2	= 5035 [m/sec²]
90°	60°	15°	0,2588	0,0671	0,5	0,9659	0,934	0,5	0,25	C	0,866	0,75	0	1	0	1,1006	-0,866	0,90045	1,7574	-15085,2	= 6730 [m/sec²]
90°	75°	15°	0,2588	0,0671	0,5	0,9659	0,934	0,2588	0,0671	C	0,9659	0,934	0	1	0	1,1252	-0,9659	0,925	1,7010	-15085,2	= 7930 [m/sec²]
90°	90°	15°	0,2588	0,0671	0,5	0,9659	0,934	0	0	C	1	1	0	1	0	1,1342	-1	0,934	1,6774	-15085,2	= 8415 [m/sec²]
90°	105°	15°	0,2588	0,0671	0,5	0,9659	0,934	-0,2588	0,0671	C	0,9659	0,934	0	1	0	1,1252	-0,9659	0,925	1,7010	-15085,2	= 7930 [m/sec²]
90°	120°	15°	[illegible]	[illegible]	0,5	[illegible]	0,934	-0,5	0,25	C	0,866	0,75	0	1	0	1,1006	-0,866	0,90045	1,7574	-15085,2	= 6730 [m/sec²]

zentr. symmetr.

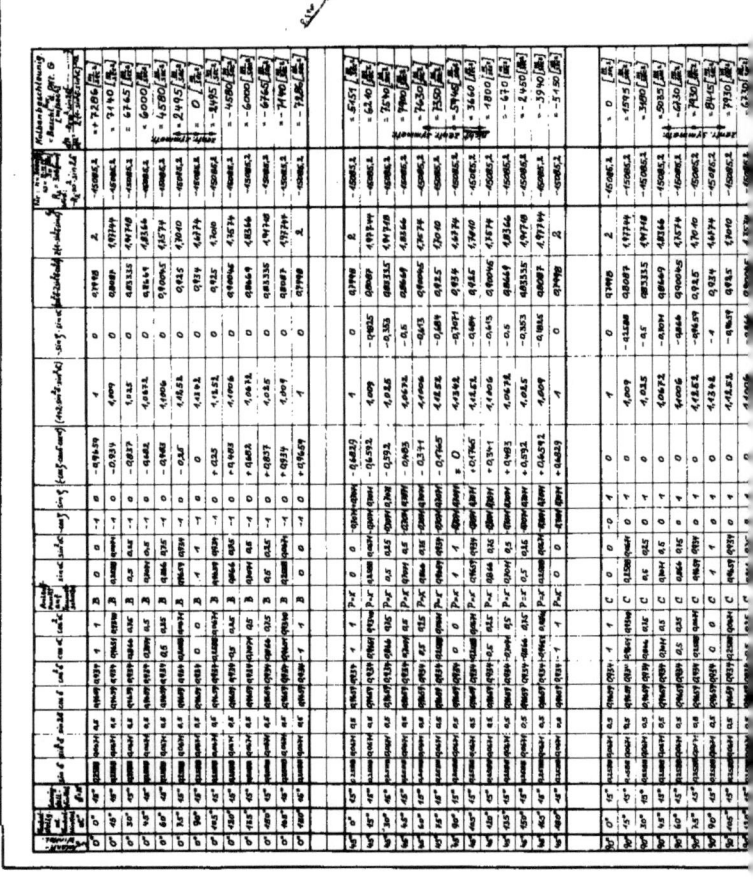

b)

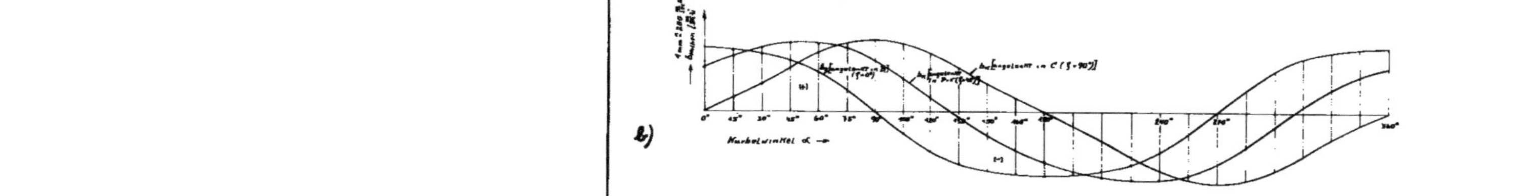

Die verschiedenen Kolbenbeschleunigungen b_K über Kurbelweg für 1 Wellenumdrehung aufgetragen. ($n = 3000^{-Min}$, Hub $s = 160\,mm$, $R_B = 306\,mm$)

Die Taumelscheibe ist geradlinig in B geführt (siehe nebenstehendes Schema). Die Kolben = Schieber $S_1 - S_4$ haben unendlich lange Pleuelstange wobei K_{1-4} in Richtung der Zylinderachse und G im Endlichen liegen, sie sind an die Taumelscheibenpunkte B, P-1, C entsprechend $\xi = 0°$, $\xi = 45°$, $\xi = 90°$ angelenkt. (Gleitstück E auf Schieber $S_1 \div S_4$)

Die Kolben- oder Schieberbeschleunigung hat unter vorgenannten Anlenkverhältnissen folgendes analytisches Bewegungsgesetz:

$$\text{Weg (Hub) } s = z = \frac{-[R_B \cdot \sin\delta (\cos\xi \cdot \cos\alpha + \sin\xi \cdot \sin\alpha \cdot \cos\alpha)]}{\sqrt{1 - \sin^2\delta \cdot \sin^2\alpha}}$$

von Nullebene = Normalebene durch O und ⊥ $\overline{m0}$ (Drehachse) aus gezählt (+z -z)

$$\text{Geschwindigkeit } v = \dot z = \frac{dz}{dt} = \frac{-R_B \cdot \omega \cdot \sin 2\delta (-\cos\xi \cdot \sin\alpha \cdot \cos\delta + \sin\xi \cdot \cos\alpha)}{2 \cdot (1 - \sin^2\delta \cdot \sin\alpha)^{3/2}}$$

$$\text{Beschleunigung } b_K = \ddot z = \frac{d^2z}{dt^2} = \frac{-R_B \cdot \omega \cdot \sin 2\delta \left[-\cos\xi \cdot \cos\delta \cdot \cos\alpha \cdot (1 + 2\sin^2\delta \cdot \sin^2\alpha) - \sin\xi \cdot \sin\alpha (\cos^2\delta - 2 \sin^2\delta \cdot \cos^2\alpha)\right]}{2 \cdot (1 - \sin^2\delta \cdot \sin^2\alpha)^{3/2}}$$

(siehe obige Tabelle)

Die Beschleunigungsverhältnisse an der bezw. auf der Taumelscheibe selber können aus nebenstehendem räumlichen Plan der reduzierten Beschleunigungen (Bildgrößen β_B, β_P, β_C) entnommen werden. (Abb.-Methode nach Mayer u. v. Mises)

Die wahren Größen (Beträge) der Raum-Beschleunigungsvektoren (Momentvektor) ergeben sich durch Auswertung der zugeordneten Bildgrößen $\beta_B = \overline{o'\beta}$, $\beta_P = \overline{o'\varepsilon}$, $\beta_C = \overline{o'\gamma}$

Es gilt: Raumvektor (Momentvektor) $M = \sqrt{M_x + M_y + M_z}$ wobei M_x, M_y, M_z Vektorkomponenten $\equiv M_x', M_y', M_z'$

und für die Zuordnung wird: $x = \frac{M_x'}{c}$, $y = \frac{M_y'}{c}$, $z = M_z'$ Elemente der Bildgröße.

Somit ist Bildgröße $\cdot c = \beta \cdot c = \sqrt{M_x'^2 + M_y'^2}$; Bildgröße $\cdot h = M_z'$ wobei c = Abb. Konstante, h = Abstand des Bildes h'' von O'

und für unsere Koordinaten: $\beta \cdot c = \sqrt{M_y'^2 + M_z'^2}$, $\beta \cdot h = M_z'$

Raumvektor (Momentvektor) = Beschl. Vektor $\beta = \mathfrak{M} = \sqrt{(\beta \cdot c)^2 + (\beta \cdot h)^2}$

MIX
Papier aus verantwortungsvollen Quellen
Paper from responsible sources
FSC® C105338

If you have any concerns about our products,
you can contact us on
ProductSafety@springernature.com

In case Publisher is established outside the EU,
the EU authorized representative is:
Springer Nature Customer Service Center GmbH
Europaplatz 3, 69115 Heidelberg, Germany

Printed by Libri Plureos GmbH
in Hamburg, Germany